U0397000

Buildings Reimagined

A DIALOGUE BETWEEN OLD AND NEW

老建筑 改造与更新

BUILDINGS REIMAGINED: A DIALOGUE BETWEEN OLD AND NEW

［南非］斯黛拉·帕帕尼古劳（STELLA PAPANICOLAOU）
［南非］迈克尔·洛（MICHAEL LOUW）编
姜 楠 译

广西师范大学出版社
·桂林·
images Publishing

CONTENTS
目录

前言

本书将讨论近些年热门的建筑实践活动——建筑的改造及适应性再利用。书中对各种老建筑富有想象力的改造为这些历史建筑赋予了新生命，使它们具有持续存在的价值。

书中精选了 30 个建筑改造或适应性再利用的案例。虽然一些案例之中的老建筑已经有超过 300 年的历史，但它们的改造大多是在 2013 年至 2018 年期间完成的。所选案例中，老建筑不乏名设计师之作，比如西班牙建筑大师安东尼·高迪（Antoni Gaudi），而建筑的改造也是由像扎哈建筑事务所（Zaha Hadid Architects）、伦敦赫斯维克工作室（Heatherwick Studio）等著名的建筑事务所和建筑师完成的。改造后，有些建筑成为地标性建筑，而有些则更为低调，朴素地融入周围的建筑群之中。

本书之中的项目设计方法各有不同，但为了探究每种翻新改造项目的关键设计驱动因素，我们还是将这些案例大致划分为五大设计策略：内部并置、翻新与植入、结构改造、外部并置、重建与扩建。这些策略或许互有重叠，但是提供了一种按照改造程度的不同理解和探讨老建筑改造或适应性再利用的一种方式，帮助我们厘清各种老建筑改造的概念本质。

这些改造策略和案例研究展示了在过去与现在之间产生对话的不同方式，以及在记忆与想象之间如何达到平衡，帮助我们判断需要珍视哪些旧的部分，需要增加哪些新的部分，才能在新旧部分之间进行一种富有想象力的对话。

[南非] **迈克尔·洛**：CMAI 建筑设计事务所负责人，开普敦建筑大学规划与测绘学院的高级讲师，主要设计和研究方向之一为建筑遗产适应性再利用。他是 Adpat! 设计研究工作室的召集人之一，重点负责适应性再利用的研究项目。

[南非] **斯黛拉·帕帕尼古劳**：开普敦大学建筑、规划和地理信息学院高级讲师，教授历史和建筑理论，是 Adapt！设计研究工作室共同召集人。

引言

在 20 世纪现代主义建筑不断涌现的时期，将历史建筑保留为文化遗产的想法也变得愈加普遍。然而总体而言，这两种建筑领域（除了极少数例外），其实是完全不同的。 现代主义建筑要求建筑师更加具有创造性，更加专注于未来，而历史建筑保护要求建筑师在保护这些反映历史风貌和地方特色的优秀作品时，要更加谦恭、严谨、不质疑。遗产保护已经成为建筑学科中的一个专业领域。参与保护工作的建筑师不需要具有太高的创造性，但必须一丝不苟，忠于原作，让建筑讲述过往的历史。这种建筑改造工作几乎总是顺应原来历史建筑的风格。如果一栋老建筑不用被如此尊重，那么可以选择将之拆除，以便为更好的新设计让路。

仅仅是在过去的一个世纪里，那些要进行翻新改造的旧建筑才成为建筑创意产生的潜在场所。建筑师们不再需要在过去还是未来之间做出选择，而是要寻求、发现这两者之间的关系。建筑师和客户的这种兴趣转移可能有很多原因，比如对遗产保护和建筑可持续性等领域的看法的转变。这些原因成为建筑物适应性改造的关键。人们不再像过去一样，对历史建筑的处理只有两种方式——保留或拆除。

如今，我们对历史的理解方式发生了变化。那种打破传统束缚的想法不再占据主导地位，大家越来越倾向于在现在与过去之间找到连续性。过去，历史与传统被认为是与我们日常生活分开的。人们觉得历史文化遗产应该被保留在博物馆之中，而遗产建筑本身就应该成为博物馆。现代主义的思潮使人们觉得日常生活的种种应该集中在“进步”之上，所以设计就是关于新东西的，而且要比过去更先进更好。与此同时，过去则被认为是田园诗般的存在，任何现代的东西都会剥夺那种田园诗般世界的原真性，那么遗产保护自然也就是为了保护和保持那些未受污染的过去物件的原始美罢了。

人们越来越认识到“过去”对促进现代文化的重要性，这导致了一种更加细致入微的处置建筑遗产的方法，使设计理念能够更直接地影响到项目的改造。一种新的遗产保护方式开始出现，它将特定地点的社区活动也视为遗产，而不仅仅是实体化的建筑结构本身，其重点在于无形资产。这种新的遗产被称为“活着的遗产”。容纳这种遗产的建筑空间通常具有一个特征——几个世纪以来一直被同一社区持续使用并保持着功能的连续性。

随着对建筑遗产重视程度的提高，大家对历史建筑可持续性的认知也在提高。虽然许多建筑或遗址可能没有足够的遗产价值，但由于“可持续性”的原因，它们仍然值得保留。这里的“可持续性”既指节约能源、减少开发建设中的碳排放，又指各种社会现实问题和工作生活中的可持续性（社会发展的、长期的、经济上的合理性）。

老建筑的改造不仅为人们提供了保留历史痕迹的机会，也为人们提供了具有成本效益的、适合现代生活的居住环境。适应性改造意味着会失去某些东西。纯粹的、现代意义上的遗产保护其实很难做到两全其美。为了使旧建筑焕发活力，设计师需要对老的建筑结构做出一些修改，平衡好历史的记忆与现代的用途。

老建筑的改造会为建筑师提出许多必须解决但十分有趣的问题。一些施工阶段会出现的问题必须在设计阶段就未雨绸缪。此外，很多国家现在的建筑立法对建筑设计的限制条件越来越严格，而新的项目规划都有自己的要求，又必须要满足。老建筑改造的挑战和限制主要包括结构稳定性、安全措施、热工和安全标准，以及原空间在建筑的采光、流通性、公共设施等方面是否适合新项目。在不拆除老建筑的大前提下，这些挑战和限制需要一一得到解决，以得到切实可行的设计方案。

老建筑可能会由于各种原因而被保留下来，但每种原因其实都源于体现在老建筑上的价值。对于预算紧张的客户来说，成本往往是交易的决定性因素，而利用现有的、相对完整的建筑结构或外壳可以节省大笔资金用于别处。与建造新建筑相比，对老建筑进行改造可以节省很多经济和时间成本。

老建筑具有建筑物物化能，选择不做拆除可以尽量减少项目的碳排放。在某些情况下，客户和建筑师可能会同意寻找建设项目中减少碳排放的方法。而在其他情况下，建筑主管当局可能会对一个处于审批过程中的建设项目强制规定可持续性标准。无论哪种情况，对老建筑进行适应性改造而不是进行拆除将有利于项目中建筑实体的可持续性。如前文所述，满足热工控制标准，减少不可再生资源的消耗，是重新利用老建筑物的一大挑战。这个问题可以通过外墙表面覆层或内部衬里来解决，但这样就有可能导致失去老建筑之美。如果老建筑之美被认为确实很重要，建筑师可以采用剥离旧建筑表面的改造措施。有些时候，老建筑的外墙比成本有限的新建工程还能提供更好的热工质量（主要指室内热环境质量）。

除了成本影响和建筑物物化能，建筑物也总是具有社会价值。一座建筑的社会影响，有的可能会涉及个人且时间有限，而有的则可能影响深远，一直跨越很多年，甚至会涉及许多完全不同的群体。建筑可以唤起人们的记忆，它往往代表着某一特定人群的意识形态、成就或自豪感，或者，它可能代表一种失传的建筑工艺，一种不再在后来的建筑实践中使用的建造方式，因此具有建筑和美学方面的遗产价值。无论不拆除旧建筑的原因是什么，建筑师都必须考虑它的价值和受众因素。这种考量将影响旧建筑如何被对待以及新建筑如何与它进行对话。

由于利益相关者的价值观都不尽相同，所以确定一座建筑物的价值是一个复杂的过程。这可能会造成一些矛盾，不过也可能成为设计决策中新旧对话的潜在催化剂。在许多情况下，老建筑的改造导致了社区的高档化，从而增加了土地和租赁成本，使得普通人无法负担得起，只好被迫搬离居住已久的地方。这些复杂的社会性问题需要进行更深入的分析才能得以揭示，本书的案例并未对此做过多的探索。

设计过程中，在上述对老建筑进行适应性改造的背景下，建筑师应该从建筑的位置、材料、体量、标志性以及建筑语言等方面识别出这座建筑物的价值所在。这种价值可能是实体价值，也可能是无形价值，也可能只见之于细微之处或城市肌理之中。当然，它也可能是这些价值的组合。

通常，历史建筑群由于多年来占据着公共空间的边缘而受到重视，故而对该地区的历史记忆及未来至关重要。在这里，建筑的高度及其建筑语言，包括颜色和立面都可能对公共空间的特征具有重要的意义。如果这些价值存在于与建筑物相关的记忆中，则设计者必须弄清楚如何以一种有意义的方式捕获并表现出这些历史记忆。

有三种措施有助于重建老建筑，使其在未来焕发出活力。第一，保留原有的结构；第二，新建植入的部分；第三，擦除某些痕迹、一定程度的拆除等。对于旧建筑，哪些部分被移除（可能是整个建筑物、建筑物的大部分或小部分或材料表面），哪些部分是不触动的，要改造何处，植入哪些部分；通过这些设计活动，建筑师将各种元素添加到设计方案中并确定“最终产品”的品质。如果一座老建筑的建筑语言很有价值，那么它一般不会被拆除，甚至某些损毁的地方还会得到修复。但一般情况下，建筑的表面部分将被保留下来。然而，如果材料、工艺或结构更有价值，比如可以展示老建筑美学或结构，那么可以去除外表的灰泥以使先前隐藏起来的内容暴露出来，也可以将建筑物的一部分去掉，以展现出先前看不到的空间关系。

本书将所选案例按照五大改造策略分类。其实，每个案例都可能涉及多种改造策略，但我们选择了最能描述设计中主导方法的策略。从较小规模的改造开始，在内部并置策略中，各个案例都十分重视老建筑的结构和风格，建筑师将新的建筑结构像独立的家具一样插入老建筑空间之中。如果有一天这个结构不再被需要的话，可以随时拆除。这类建筑的内外墙体都会受到保护，总是或多或少地被保留下来。这种策略更加追求对老建筑的保护和修复，但它仍然能够改变旧建筑的空间，也有利于用原来的结构行现代之用途。第二种策略——翻新与植入，通常认为建筑物的外立面是有价值的，需要保留下来，而建筑内部则可在原有建筑结构范围内进行改造。因此，内部空间呈现一种新的语言，但仍然是基于老建筑的特征，并在某些地方显露出来。当新的干预措施需要改动老建筑的内部辅助性结构时，第三种策略，即结构改造，就变得必要了。新的建筑结构可以摆脱老建筑外壳的限制，打开其内部的狭小空间，甚至可以避免拆除老建筑。在第四种策略“外部并置”中，新设计的建筑体量主要位于外部，并与旧建筑相邻，同时还采用了一系列与旧建筑对话的技术。所有五种策略中最激进和最具侵入性的可能是第五种策略——重建与扩建了，它可能包含着其他策略的组合，尤其是（但不仅仅是）结构改造和外部并置这两种策略。这种改造措施更大胆地改变了旧建筑物本身及其外观。

这些改造案例通过一系列改造策略的总结反映了建筑遗产保护的具体方法。所有案例都试图寻求新旧之间的对话。它们尊重既有建筑，并通过大胆地改造来将之重构，使其具有新的意义和用途。在许多案例中，为了保存好历史建筑，有时必须去掉部分旧的东西，而新的部分也可能需要放弃某些功能以适应老建筑。在老建筑与新的改造措施之间，建筑师需要仔细权衡、选择，以确定需要无条件保留的部分，同时也需要在设计改造时采取大胆的方法对老建筑实现创造性的新设计，以避免错过宝贵的变革机会。

策略

1

内部并置

内部并置是指新旧部分在内部并置，是进行轻量的植入，使其不同于原来的结构。建筑现有的外部肌理基本上保持完整，并且通常都保持其当前状态（有时甚至干脆保持废墟状态原封不动），或者翻新、恢复到其原来的状态。这种策略是将新的部分作为一种介入物放置在现有结构内部，并且这个新的结构基本上是可移动的，不会影响主体结构。这种情况下，很多空间特性是通过新旧结构的并置确立的。

当老建筑的内部空间非常大，或者具有创造或显露出相当大内部空间的潜力时，这种策略是适用的。例如，谷仓、工业建筑和教堂因宽敞的内部体量，通常非常适合采用这种策略。当建筑物的现有肌理因其历史重要性或美学特质而受到重视时，也可以使用该策略，这时新的植入物应与旧建筑物的外墙结构保持一段距离。

处理老建筑外部结构有三种典型方法。第一种方法是可以保留老建筑原来的状态，或者因为它本身就处于足够好的状态，或者因为它具有一种废墟的美学吸引力。这种策略极少甚至是不对建筑外部结构做改动，由旧教堂改造而成的比利时 The Waterdog 办公空间就是如此。这座旧教堂几乎保持不变，新的办公和服务空间在现有体量内以盒状方式堆叠。如果内部环境可控且无须改善建筑外表，那么植入一系列独立的功能性结构而不需要对现有肌理进行太多改造通常是最经济的选择。这种方法可以在现有建筑外观和新的内部结构之间创造巨大的反差。第二种方法是因为其历史价值（在这种情况下，任何新的环境改造措施通常都隐藏在建筑物表皮之内），或者为了符合绝缘性、耐火性和防水性的现行规定，而更新或修复建筑外观。这种方法可以通过搜集项目周围同时代建筑物的材料来实现对建筑的修复。如英国教堂山谷仓，其中新的隔热材料被植入到屋顶结构中，但建筑内外的外观还是模仿其原来的状态。 这种方法也使用外观与原来的材料相似的现代材料，或者引入全新材料以在新旧肌理之间产生清晰的反差效果。第三种方法是剥离原建筑的外皮以显示建筑结构内部材料和施工技术，例如布尔戈斯火车站。在这个案例中，建筑师对建筑外观进行了一些修复工作，而室内新植入部分则采用石头和砖来营造一种鲜明的对比。然后，这种策略对现有结构的重视也对老建筑的原真性提出了疑问，即一个建筑的价值是否只存在于它的形态或实体本身?

由于内部空间大的建筑物通常需要更多自然光透入到其更深的内部空间之中，因此现有结构可能需要开一些窗户或者门才行。增加天窗是解决这种问题的常用手段。如果是在外立面开新的开口，或者是扩展原窗户和门，新的开口通常采用与外墙特征或比例相对应的大型玻璃平面。在英国教堂山谷仓项目中，原来的窗户重新装上了玻璃，新的玻璃窗从外墙部分有所后退，而较大的玻璃窗则植入到了现有山墙顶端部位的轮廓之内。

新的植入物通常都具有可移除性或可逆性。它们通常从构造性、材料、质地以及颜色等方面与现有结构形成鲜明的反差。然而，从实用的层面上讲，由于原结构承载能力有限，所以新构造通常具有轻质的特性，可以采用干式施工作业法，通过现有的开口引入新的部件，从而简化建造过程，并且可以通过预制工作来提高施工速度。虽然移除新的植入物并不总是容易的，但它们仍然会产生这样的印象：它们可以被移除而不会对原结构产生不利影响，这暗示了未来再次进行适应性改造的某种可能性。有时候，植入部分与现有的结构融为一体，却保留了独置于空间之内的感觉。佩特鲁斯文化中心项目的夹层楼就是这样的例子：建筑师在旧教堂的现有楼层插入新的楼层。虽然它附着在了现有的结构上并且很难移除，但看起来似乎仍然是作为一个松散的元素安置其中的。它清晰的铰接部分、材料差异以及在旧教堂柱子之间的连接方式使其还是可以被视为一种家具。

虽然新植入部分通常会给人以并未接触到现有结构的印象，但它们有时会穿透外墙并在建筑外部露出来。这种处置是以开口、突出结构或者外部增建的形式呈现，并与内部植入部分相呼应。这些外部干预结构倾向于与现有外部结构形成对比，并且可用于调节大型现有建筑物体量与其周围环境之间的比例，例如佩特鲁斯文化中心。或者这些结构也可以是轻型的独立式附加物，既显示了内部改造的特征，又不会对原建筑外观有太大影响，同时还会使历史街景保持视觉上的连续性。虽然这种固定在现有结构上的方式可能会影响增建部分的可移动性。

可以说，内部植入的建筑策略中最重要的就是现有建筑的内部空间或可用空间。在像荷兰佩特鲁斯文化中心和比利时 The Waterdog 办公空间那样垂直方向上有很大内部体量的情况下，新的植入结构通常沿空间的外围或一侧放置，以保持整体的垂直感并强化其空间效果。在水平方向有较大内部体量的情况下，如常州棉仓城市客厅，新的植入结构通常布置在空间的中央，这样可以形成一系列的公共空间。某些情况下，可以将分开的空间打开来形成较大的空间体量，就像布尔戈斯火车站。或者也可以策略性地做一些内部切口，使新的植入结构成为连接原来分离空间的“工具”。这些改造措施通常会影响规划或受到规划中各个因素的影响：大型内部空间或建筑中间的空间通常是为更多公共或社会功能保留的共享空间，而新植入结构则保留了更多的私人功能。英国教堂山谷仓项目的建筑师将建筑中的新房间分区描述为“超大规模的独立式家具”，使业主能够利用大型开放式空间举办各种活动。同样，佩特鲁斯文化中心、The Waterdog 办公空间，布尔戈斯火车站、常州棉仓城市客厅等项目也都保留了主要用于更多公共用途的建筑体量。共享空间会产生通透之感，可以改进不同结构之间的视觉连接，并且可以灵活使用。这种灵活性可以通过可移动的植入结构得到进一步加强，如佩特鲁斯文化中心图书馆的滑动书架系统。

如果老建筑现有结构处于良好状态，并且可以大体上保持不变，那么最小的修改就可以保留其现有环境，这种策略会有相当不错的成本效益，可以节省大笔资金用于新植入结构。这种有针对性的支出意味着新的植入结构通常是大空间内精心制作的、相对独立的“珍宝”，有助于它们与现有结构有所区别，使新旧部分之间产生戏剧性的张力，同时也能增加空间的复杂性。新的植入结构在形式和材料方面可以像英国教堂山谷仓、The Waterdog 办公空间和布尔戈斯火车站那样与原结构彼此相似，或者它们也可以具有非常不同的特征，以展现出不同的功能，如常州棉仓城市客厅项目那样。

新植入结构与现有建筑的连接也可以突出独立的植入物与建筑外墙之间的关系——在常州棉仓城市客厅项目中，大胆着色的服务设施管道像脐带一样将透明的植入结构与原来的工厂建筑巧妙地连接了起来。在其他案例中，如布尔戈斯火车站和 The Waterdog 办公空间或佩特鲁斯文化中心项目，服务设施则可能被集中安置在新的夹层部分，以减少对原来结构的影响。在像常州棉仓城市客厅项目和 The Waterdog 办公空间这样的案例中，植入结构可以在气候变化时，利用共享空间进行自然通风，也可以节省成本。

内部并置策略通常受到现有结构的强烈影响：除了对内部空间和外部结构的重视，建筑的前期规划、遗产价值以及城市环境等都可能对改造决策产生影响。这些相对较轻的植入却可以为已经衰败或者变成废墟的大型建筑注入新的生命，例如佩特鲁斯文化中心、布尔戈斯火车站和英国教堂山谷仓项目，尤其如此。尽管这种植入结构通常风格大胆且在视觉上引人注目，但是它们十分尊重却不拘泥于现有建筑。

佩特鲁斯文化中心，由 BURO KADE 建筑事务所设计 © 斯泰恩·波尔斯特拉

英国教堂山谷仓

从附近建筑物中获得的材料使这个历史悠久的木材仓库的外立面得以修复，而隐藏的保温层保持了老建筑内墙面的特色。新结构像家具一样被巧妙地插入巨大的内部空间。新门窗的合理布置让人们在室内时时都能看到周围的景观。

建筑设计：

David Nossiter 建筑事务所

建筑地点：

英国，萨福克郡

建筑面积：

524 平方米

完工时间：

2016 年

摄影：

史蒂夫·兰斯菲尔德

该建筑位于埃塞克斯郡和萨福克郡的交界处。此地因 19 世纪伟大的风景画画家约翰·康斯特布尔的一幅画作而闻名。该场地原本是一座家庭农场，在 20 世纪 50 年代被一场火灾损毁。项目包含一系列农场建筑和一个内庭院。基地的核心部分是一个教堂般规模的大型谷仓。

主建筑以十字形平面规划为主，周边环绕着一些小空间。这种平面规划可以提供一个很大的遮蔽空间，允许人们在一个屋檐下从事不同的农业活动。该谷仓建筑群是英国典型农场活动的建筑遗存，已列入建筑遗产名录，修复它需要经过当地规划机构的一系列手续。

此次改造的一大工程是对屋顶的修复。屋顶石板和木材等材料是从场地中的其他建筑中取得的。这些建筑因腐朽严重而无法修复。为了既能实现内部视野通透，又能达到现代的保暖需求，屋顶采用了一种“保暖屋盖结构”——所有的隔热材料都安装在屋顶外部的新木质盖板上方。

建筑外墙的保暖系统由羊毛纤维和经过自然风化的落叶松木材组成。建筑原来的一些开口部分被改造成了通透的玻璃窗和门。超大的玻璃滑动

剖面图

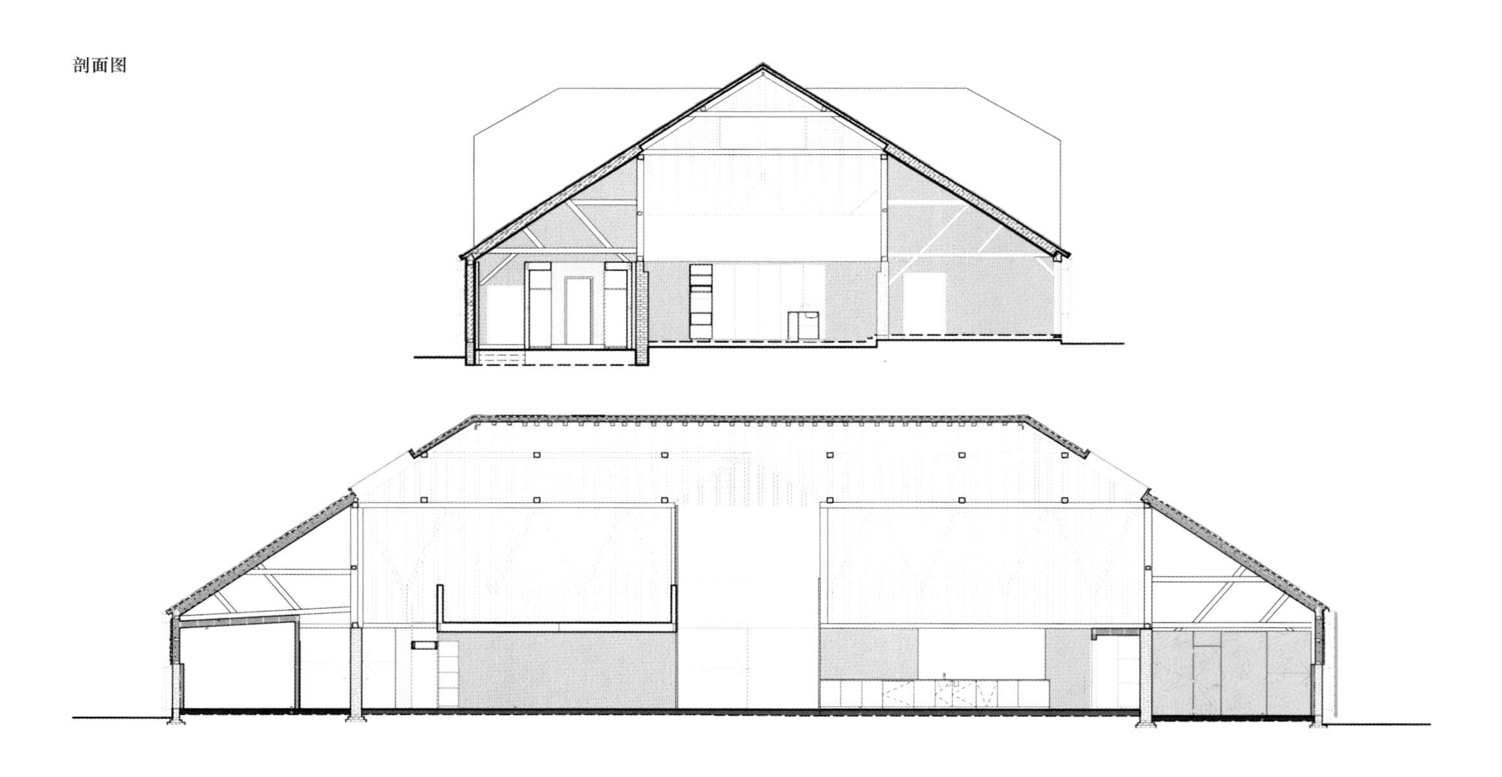

门填补了斜脊山墙门廊的空洞，同时也让人们从庭院中即可看到外面开阔的田野。两个 3 米长的采光天窗使日光可以进入到这个 8 米高的空间内部。

在设计之初，建筑师就极力使空间保持开敞。超大的可移动家具充当了必要的空间隔断。桦木面板的胶合板划分了空间，保证了浴室和睡眠空间的私密性。

为了保留谷仓以前的“建筑记忆”，照明控制部分使用了原来的开关盒，并把它们隐藏在了旧建筑结构的金属格栅和新细木工制品之中。

经过抛光的混凝土地板沿着空间分界以 10 毫米的接缝铺设。一台生物质锅炉（以生物质能源作为燃料）辅以机械通风系统和热回收系统，可在空间中的较高处使热空气循环流动起来。

原来宽敞的谷仓主空间被保留下来作为一个长廊式的空间，人们可以在此举办各种活动、舞蹈和艺术展览等。谷仓建筑群中的野生植物和砖石铺设也处处体现着原来那种简约的风格。

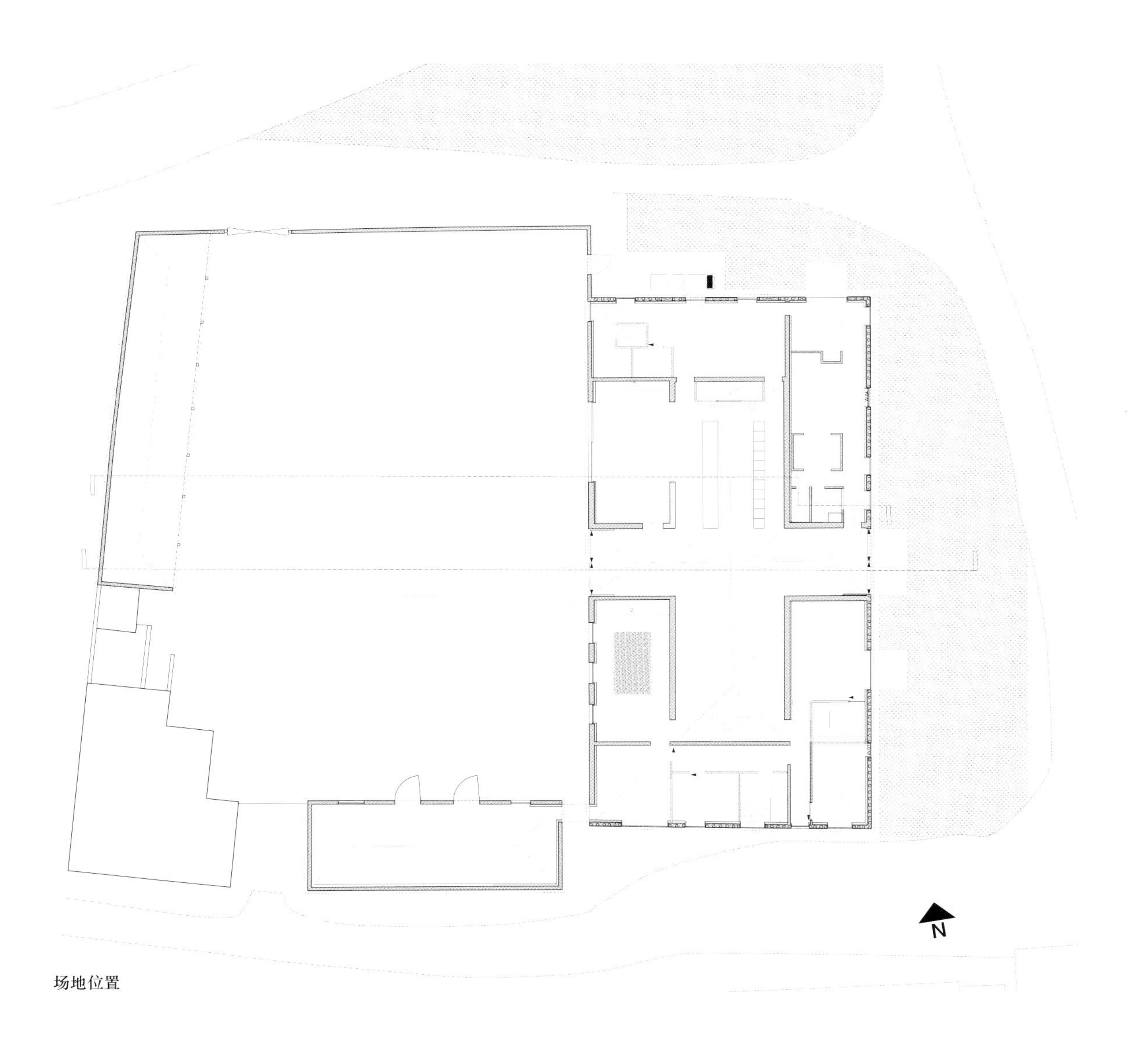

场地位置

佩特鲁斯文化中心

建筑设计：
BURO KADE 建筑事务所
建筑地点：
荷兰，富格特市
建筑面积：
3000 平方米
完工时间：
2018 年
摄影：
斯泰恩·波尔斯特拉

一个新的夹层楼穿过这座旧教堂。它位于建筑内部的四周，可以让人们体验到教堂巨大的中央空间。而这个有着优美曲线的夹层楼部分又延伸到了教堂的外部，形成了与建筑旧外墙相连的门廊屋顶。滑动书架可以灵活移动，而夹层楼本身也给人一种可拆卸的感觉。

19 世纪下半叶，荷兰天主教徒的自我意识开始觉醒。天主教复兴的时期随之来临，而那些小谷仓教堂的历史也就随之结束了。大约在 1880 年，富格特还是一个乡村小镇，像佩特鲁斯这样的大型教堂能建在这样一个小镇之上，是当时天主教徒们不懈努力的结果。

这座具有新罗马风格元素的教堂建于 1884 年，是德国的建筑师卡尔·韦伯的代表作。教堂具有十字形圆顶、一个狭长的中殿和两侧的十字耳廊。其内部的壁画是由当地画家查尔斯·格里普斯绘制。2001 年，这座教堂被荷兰政府认定为国家级历史遗迹。

20 世纪 60 年代开始，荷兰正朝着世俗化的方向发展 [世俗化 (Secularization) 是西方宗教社会学提出来的理论概念，主要用来形容在现代社会发生的一种变化，即宗教逐渐由在现实生活中无处不在的深远影响退缩到一个相对独立的宗教领域里，政治、经济、文化等层面逐渐去除宗教色彩]。到了 2000 年，这座教堂停止了使用。2005 年，由于维护不善，教堂被迫彻底关闭。

大约在那个时候，人们成立了一个基金会，为教堂寻找新的用途。教区提出了教堂建筑重新使用的条件——它必须具有社会文化功能。经各方商讨后，图书馆、博物馆和一些社区服务部门被安置在了这座教堂建筑之内。

剖面图

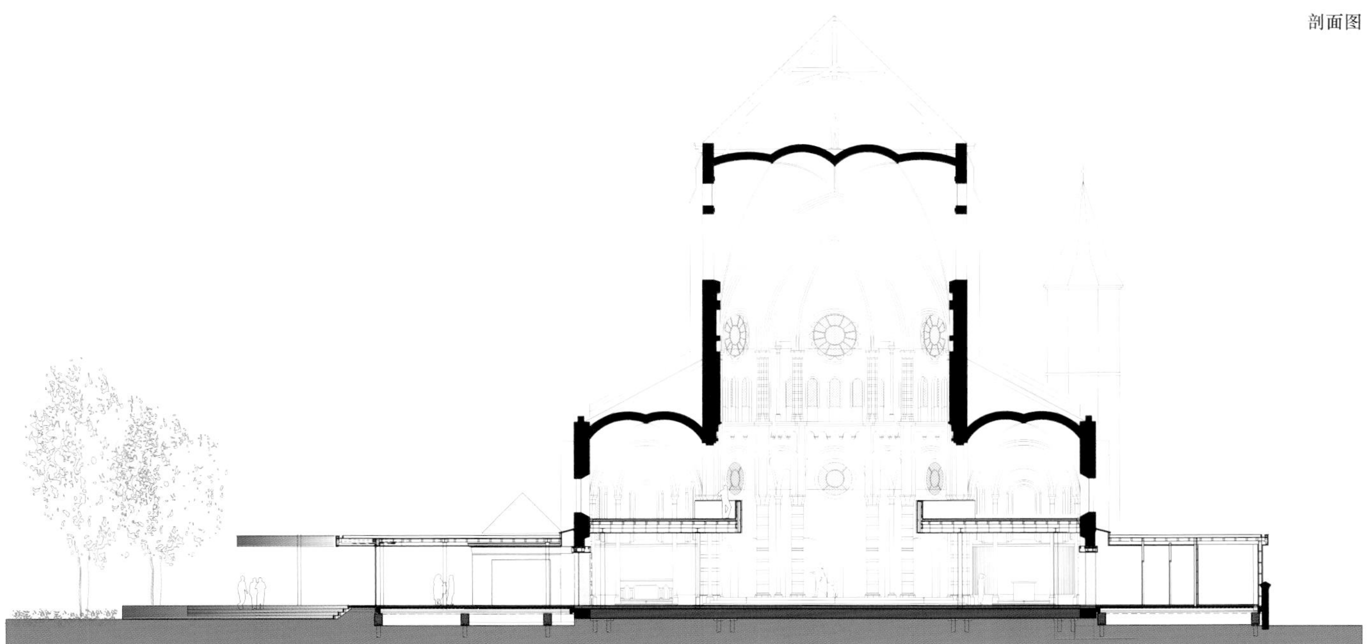

VUGHT 1629

此次翻新工作开始于 2010 年。改造目标是将这座教堂建筑变成人们工作、聚会和学习之所。它将成为人们进行沉思、辩论以及学习知识的地方。所以，这里不同功能区之间的通透性和连接性非常重要。建筑师采用了共享空间的理念，使这里尽可能具有开放性。在这里的所有使用者都会有相同的视觉感受。建筑中的连接元素也体现出了一种共享的模式、愿景与哲学。

经过大规模的翻新，教堂被重建成为一个充满活力的社区中心。除了图书馆、博物馆和社区服务部门，这里还有酒吧和商店。该项目改造的重点是保留教堂的原始布局。翻新后，一个美丽宽敞的内部空间呈现在人们眼前，建筑中迷人的设计和良好的设施吸引着人们。

所有功能都融入到了一个向公众开放的大型开放性空间之中。其中最引人注目的元素是夹层楼部分。建筑师为实现这座教堂的新功能而进行了重新布置。这部分面积为 500 平方米，可容纳学习区和会议室等。夹层部分主要安排在通道上方，以便保留教堂的原始空间。

一楼是崭新的、令人眼前一亮的部分。书架下方装有滑轨，在教堂举办大型活动时，可以被移动到教堂的过道上。正因如此，教堂楼层可以以高度灵活的方式使用，为各种规模的活动提供空间，并且在平时可以充当图书馆。

教堂的外部空间也被进一步扩大。有着优美曲线的夹层部分延伸到了教堂的外部，形成了与建筑外墙相连的门廊屋顶。翻新后，管理部门在大楼南侧的花园凉亭中还开设了一家餐厅。

VUGHT 1629

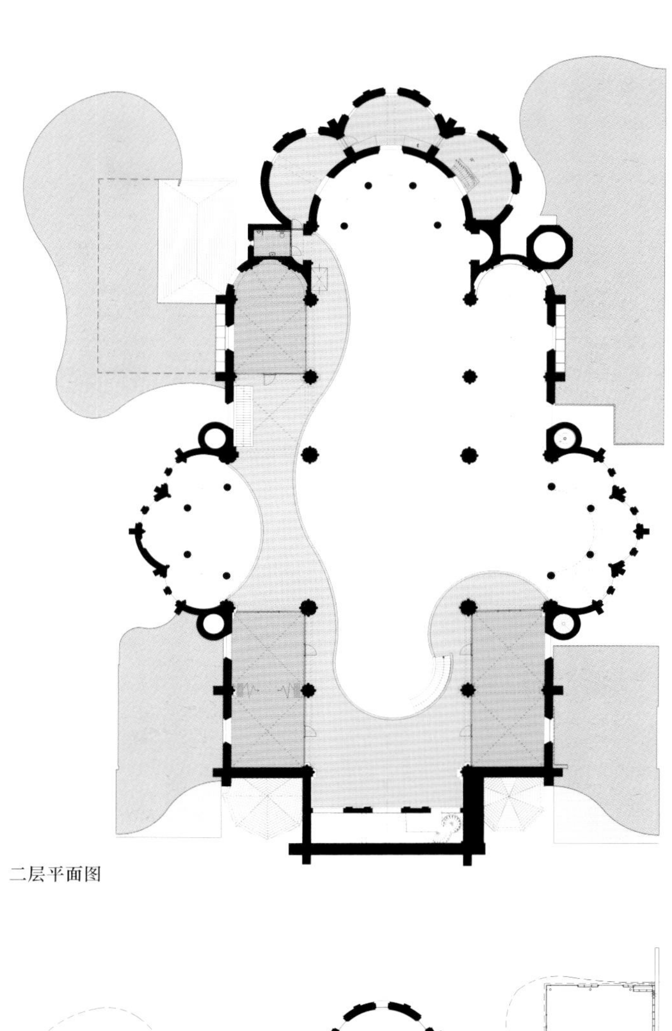

二层平面图

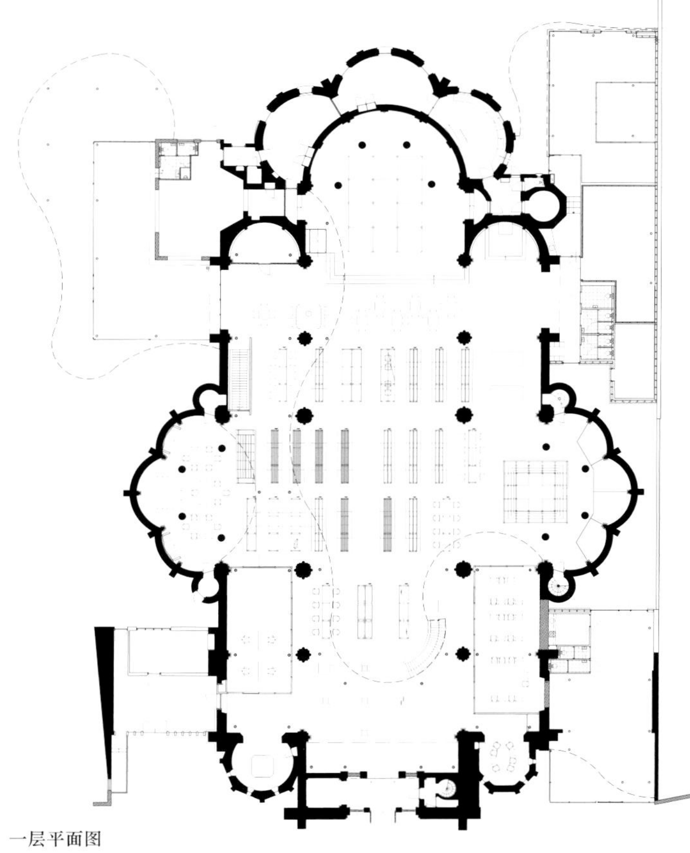

一层平面图

布尔戈斯火车站

该项目中植入和打开的部分都有助于使这个旧火车站适应其新用途。建筑内部石灰层的移除显现出了原来的砖石，与新植入物的颜色和纹理形成了鲜明的反差。

该项目旨在复兴老火车站，使之可以适应主要面向儿童和青少年的休闲娱乐项目。设计干预部分，一面延伸到车站广场，将之作为行人通道和关联性空间；而另一面，曾经的铁轨所在被改造成为一条林荫大道。

为了将建筑物融入环境，建筑师建造了一个新的棚架结构，使其形状能适应这条新的大道。它不仅可以作为建筑和绿化区域之间的过渡，也和保护铁路及站台的大型钢铁、玻璃结构融为了一体。这个棚架现在可以作为下面咖啡馆的支撑结构，同时也可以消除这座建筑与西面树木繁茂区域之间的界限。

旅客大楼的改造旨在恢复其建筑本质，并使其适应新的用途。而这是通过对空间进行重新诠释以及重新塑造建筑各部之间的物理和视觉关系来实现的。

该建筑沿着一条线性轴线展开，按照项目要求被分为几个不同的区域：一层东翼是儿童活动区，西翼是餐厅和咖啡厅；旧夹层楼的入口处是行政管理区；而二层则是青年活动区。三座塔楼通过步道连接在了一起，且步道两端都设有楼梯。

垂直交通空间和服务空间的核心部分被修建在了建筑中心，这样使不同建筑区域无须增设其他交通元素或者厕所。从游客庭院进入建筑的流线

建筑设计：
Contell-Martínez 建筑事务所
建筑地点：
西班牙，布尔戈斯市
建筑面积：
2347 平方米
完工时间：
2016 年
摄影：
玛列拉·阿波罗尼奥

剖面图

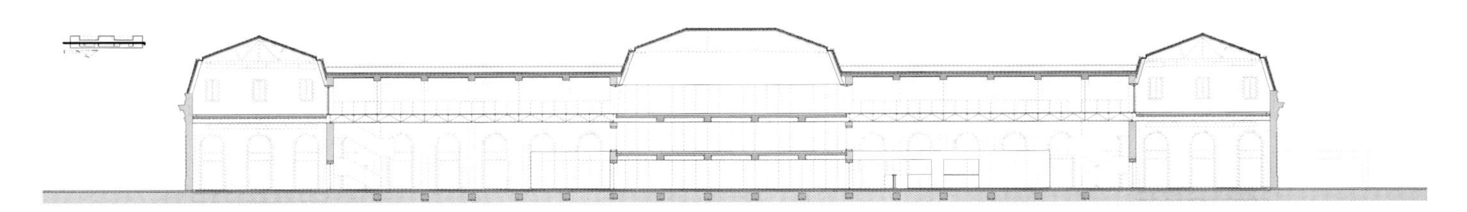

上，原始的空间被两个渗透进建筑的顶棚所覆盖，同时还能起到防风的作用。

建筑师根据原来墙壁的布局打造了新的门廊结构，以支撑新的楼板和过道屋顶。各塔楼的上部空间通过人行道连接，人行道由大楼的承重墙做了部分支撑，另一部分则搭建在过道屋顶的门廊结构上。

翻新后，这座大楼以前被隐藏起来的结构又重新出现在了人们的眼前。整个屋顶被更换掉了，恢复了原来的斜面，并铺设了新的黑色瓷砖。所有的室内装饰也都被拆除掉，露出了原来的砖石。这种墙壁修复使人们可以清楚地区分建筑物的新旧两个部分，保留了建筑的历史感。

在室内，建筑师去掉了一楼的部分承重墙，使空间更加宽敞，实现不同的建筑体之间的一种视觉连续性。与此同时，在 20 世纪中期构建的、破坏一楼空间的夹层楼板也被完全清除了，仅在原火车站的入口处被部分保留，实现了空间尺度的变化。

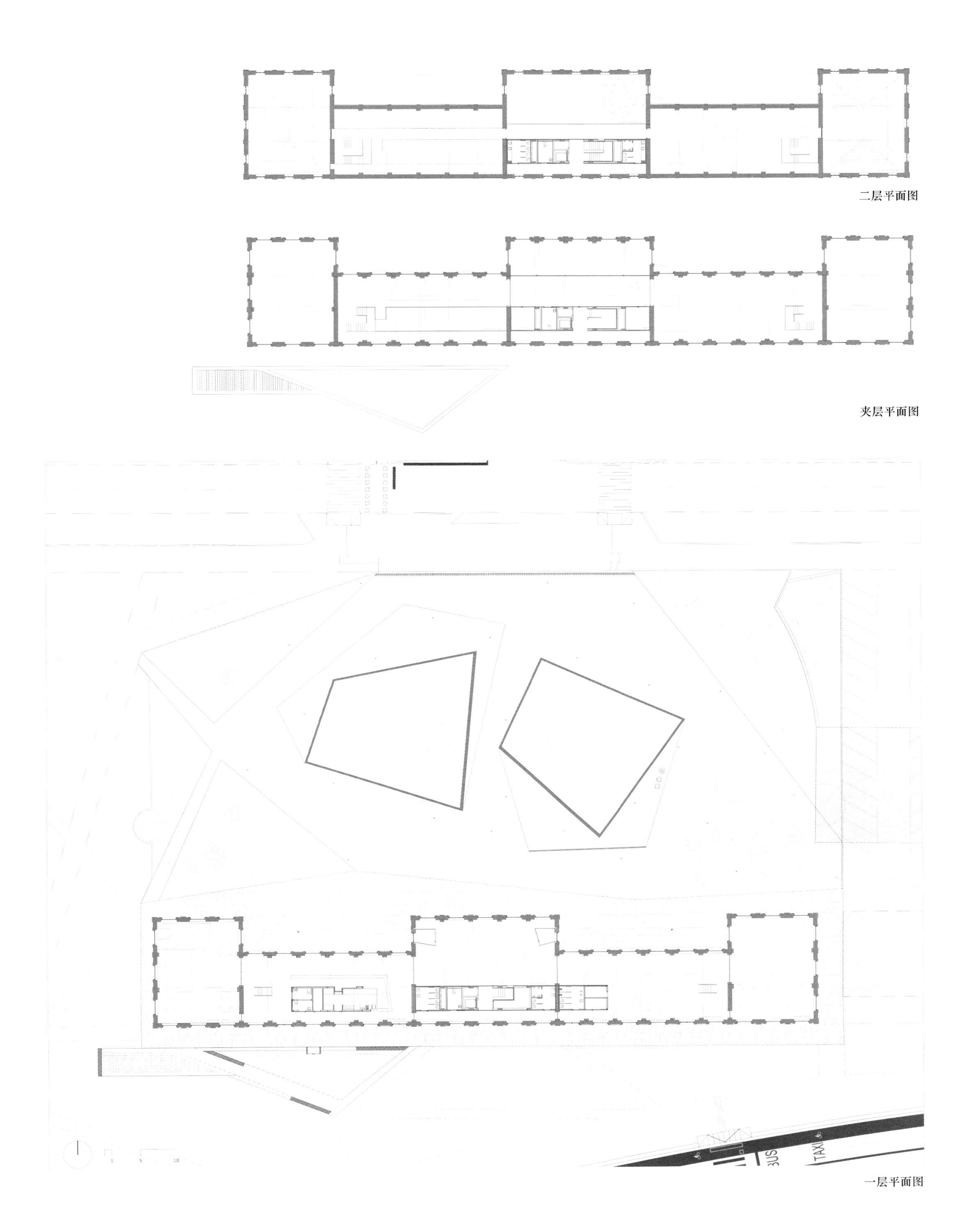

二层平面图

夹层平面图

一层平面图

常州棉仓城市客厅

原来巨大的空间使建筑师在其内部可以建造出两个风格完全不同且辨识度极高的结构。作为独立的内部结构，它们通过服务设施的管道和布线精巧地固定在主体结构上，并且只有在建筑的主大厅之内才会向人们展现出自己的模样。

棉仓城市客厅项目位于江苏省常州市科技园的一座工厂内。项目客户在天猫上运营着一家服装店，并创立了一家融合服装零售、餐饮消费体验的生活美学店。他们选择在这个远离闹市区的地方打造新零售业态的线下品牌——棉仓。

在线上线下融合的新商业模式中，虚拟空间中的网店与实体空间中的新零售体验店相互成为展示性的“橱窗”和进行体验和消费的场所。这种新的“内外”关系正在成为当下中国商业模式的新形态。

受委托后，建筑师面临着三个挑战：第一，大尺度的厂房内部空间与零售、餐饮业的小尺度消费空间之间存在差异，如何协调与联系？第二，控制造价，创造吸引人的新空间。第三，原厂房单薄耗能，如何经济有效地实现新空间的环境舒适度？建筑最后选择了“屋中屋”的设计策略，即在主体厂房内部建造完整的新形式的独立建筑物来容纳两个主要功能区。

平行布置的两条南北走向、高大笔直的“屋中屋”透明舱体，它们的外轮廓一模一样，均采用尖顶双坡的标准断面，但构造方式完全不同。一条为钢结构的服装成衣舱体，通体白色，空灵、富有韵律，其时尚感正好适合服装的展示。另一条为钢木结构的餐饮空间和多功能活动空间，建筑师赋予这一驻留空间以温暖的调性，折线形的木杆重重叠叠地在头顶形成一个富有亲近感，且有一定分量感的覆盖。

建筑设计：

阿科米星建筑设计事务所

建筑地点：

中国，常州市

建筑面积：

6300 平方米

完工时间：

2018 年

摄影：

苏圣亮，吴清山

棉倉

Schlumberger

主体厂房采用自然通风作为防止热量积聚的第一道防线，而两个新增构筑物采用新风系统形成各自定制的、独立、全封闭的空调环境。设备系统的布置方式，不仅解决了功能问题，而且最终在空间中呈现出一套与结构完全结合的、完整的视觉造型体系。

建筑的入口大厅，既直接与外部空间相连通，也连接着整个棉仓的其他场所：餐厅、服装零售和室内活动空间。新增的两个舱体构筑物没有占据整个厂房空间，舱体之间有意留出一处带状空地。这里放置了很多供儿童游戏，供大家运动和休憩的设施。人们在放松活动的时候往往会觉得自己置身于城市街道、广场。这种“屋中屋”的空间使大家在厂房“内部”体验到了一种“温和的外部空间感”。

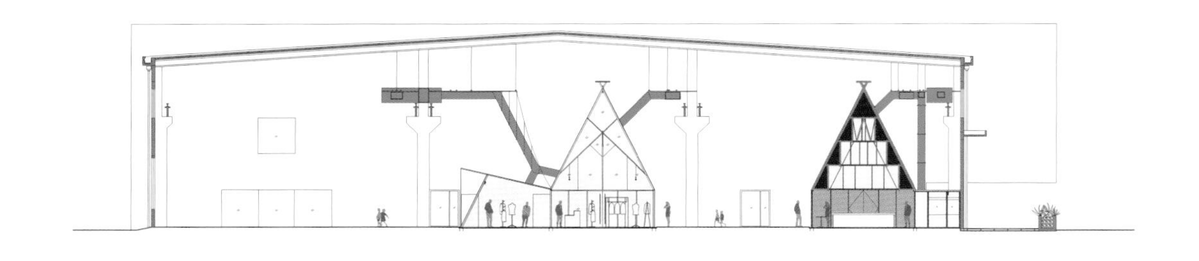

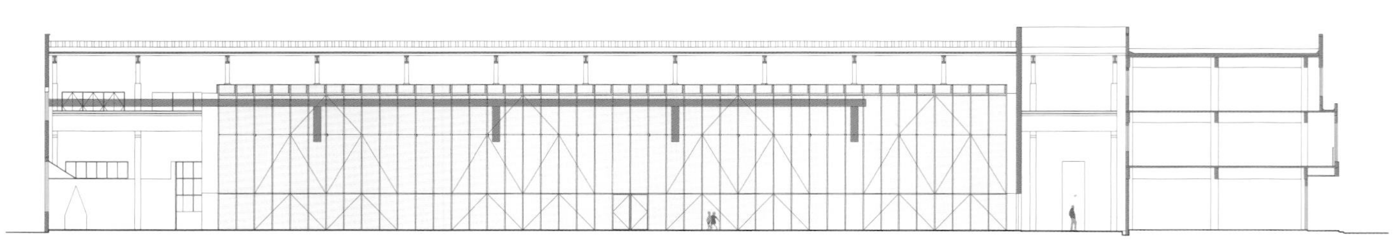

剖面图

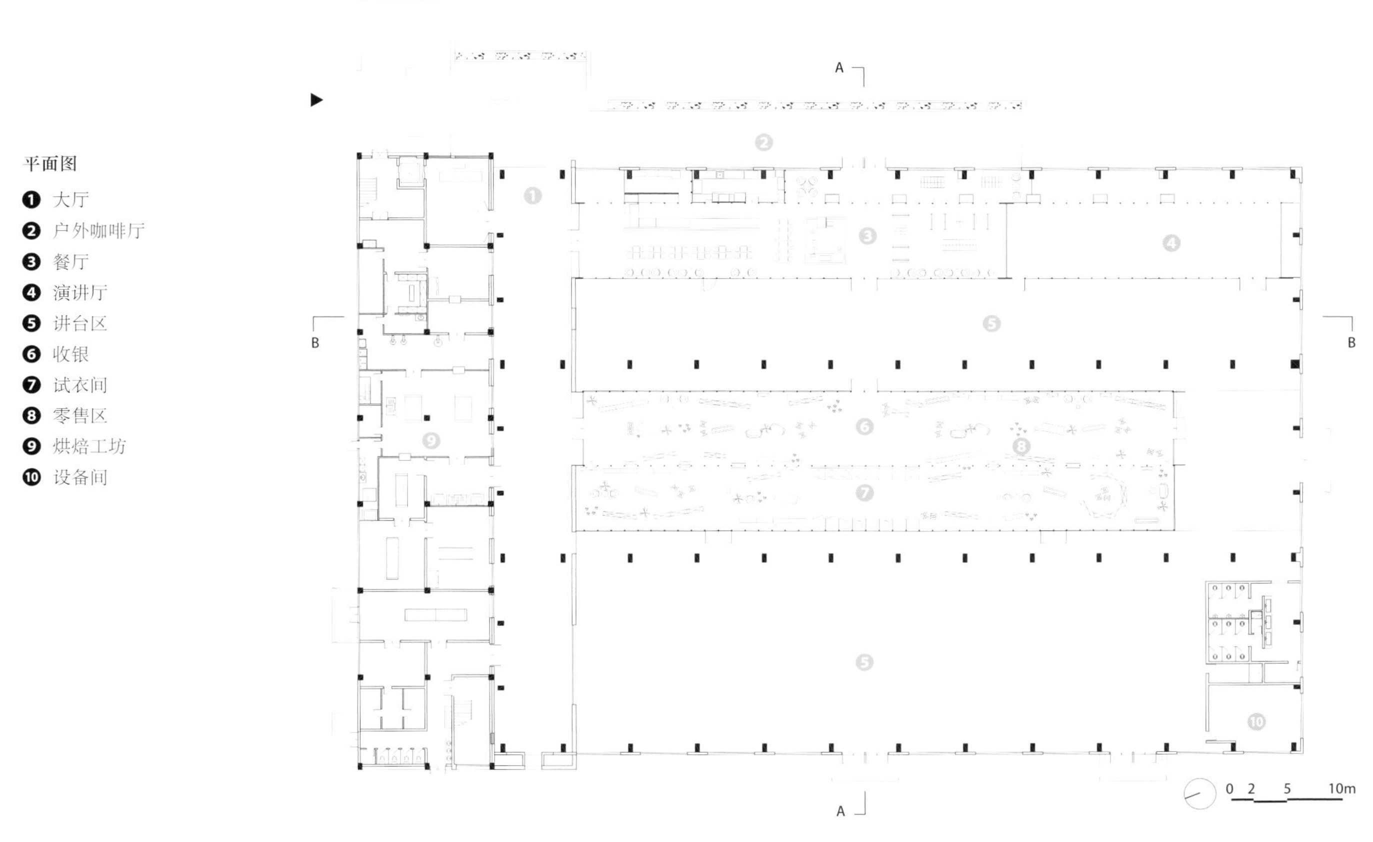
平面图
❶ 大厅
❷ 户外咖啡厅
❸ 餐厅
❹ 演讲厅
❺ 讲台区
❻ 收银
❼ 试衣间
❽ 零售区
❾ 烘焙工坊
❿ 设备间
A
A
B
B
0 2 5 10m

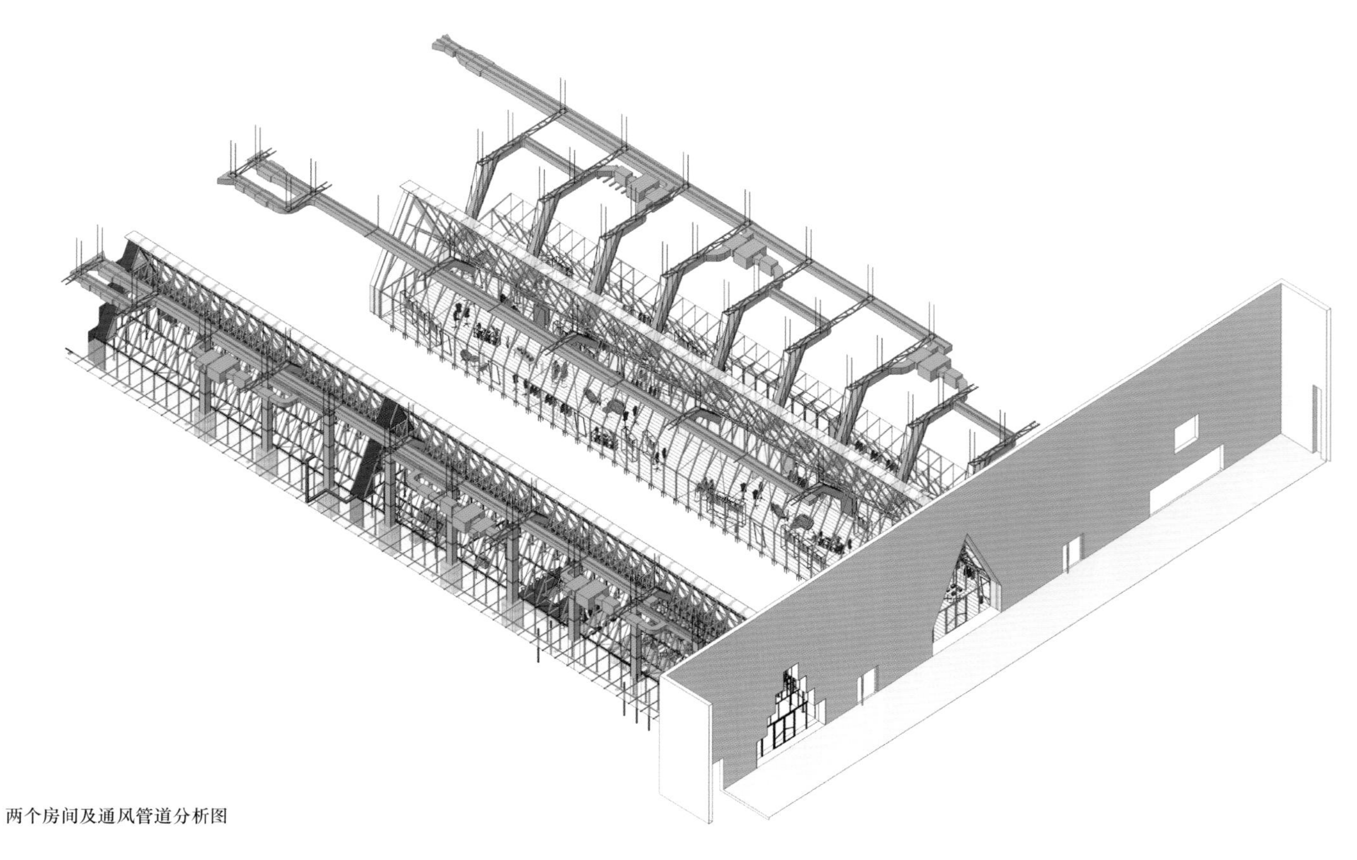

两个房间及通风管道分析图

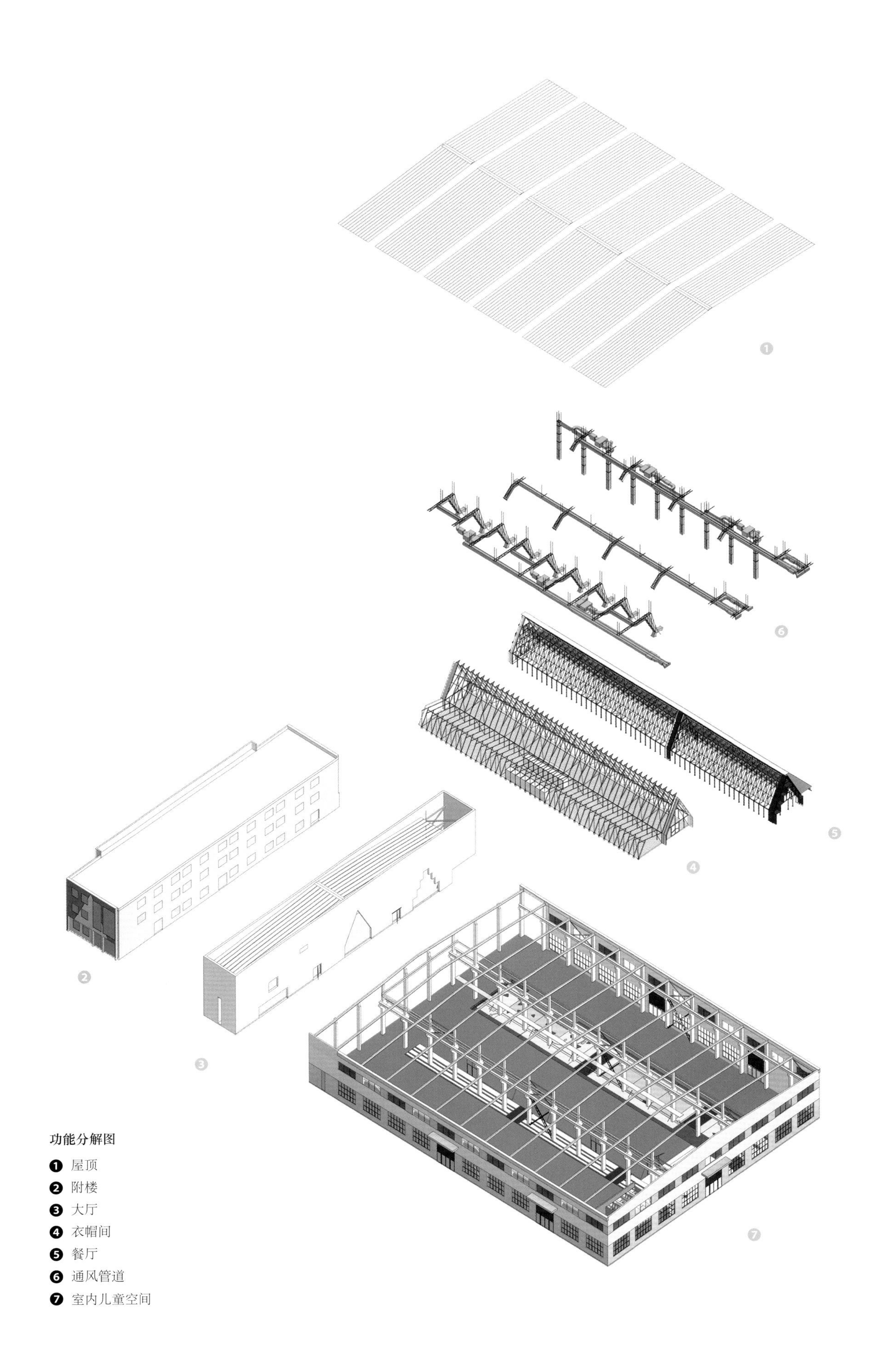

功能分解图

❶ 屋顶
❷ 附楼
❸ 大厅
❹ 衣帽间
❺ 餐厅
❻ 通风管道
❼ 室内儿童空间

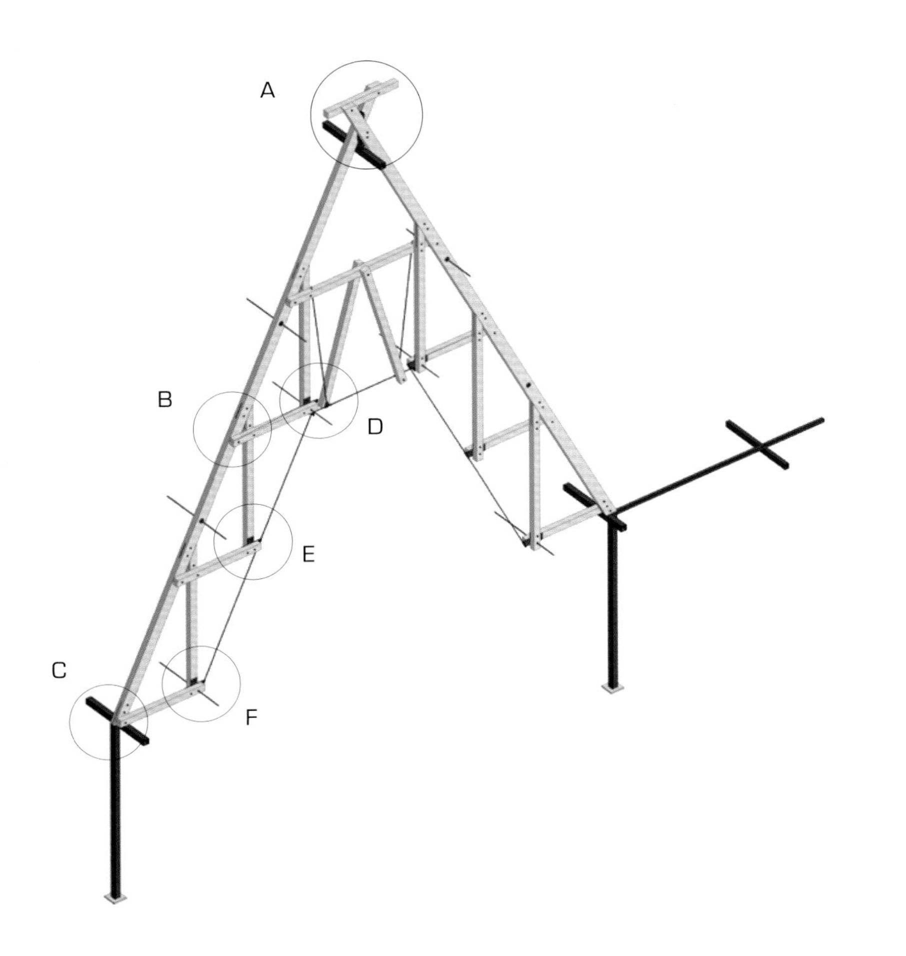

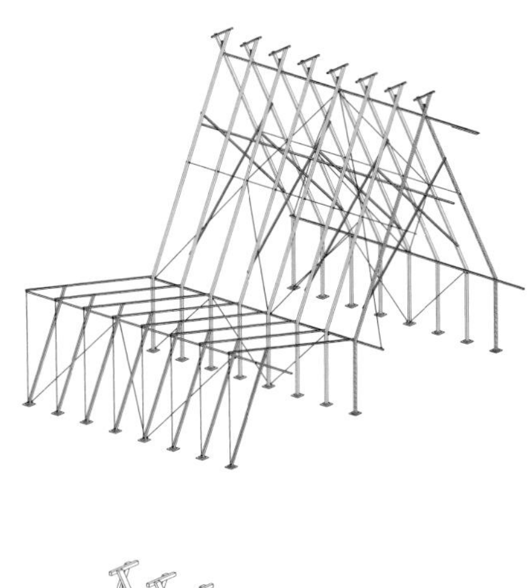

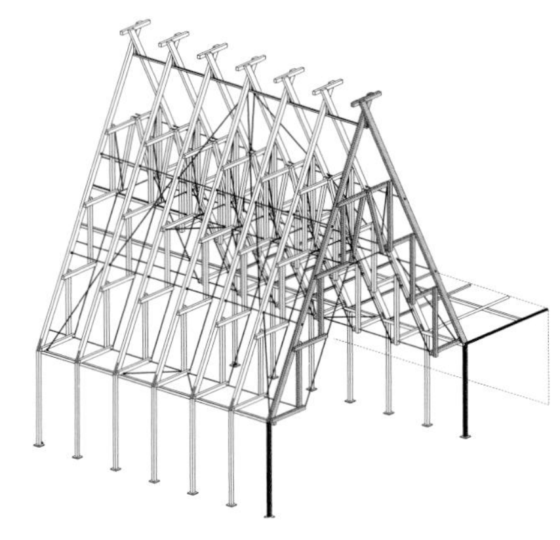

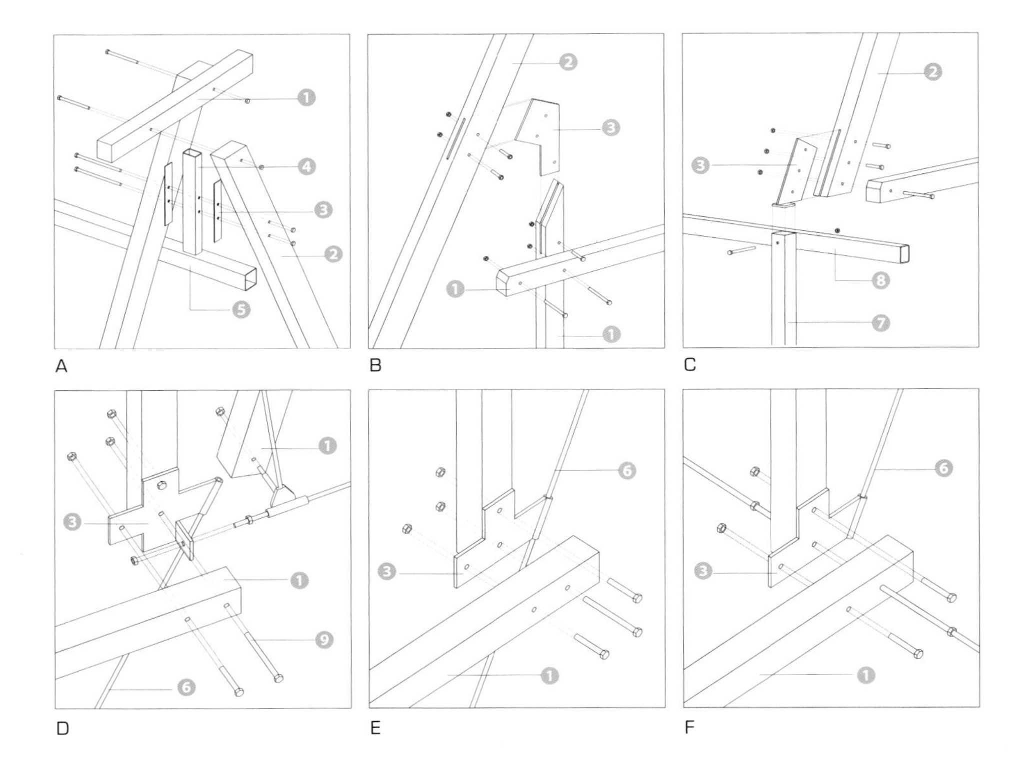

细节图

❶ 木梁 90 毫米 ×76 毫米
❷ 斜木梁 140 毫米 ×76 毫米
❸ 金属连接件
❹ 钢梁 50 毫米 ×76 毫米 ×4 毫米
❺ 钢梁 50 毫米 ×50 毫米 ×4 毫米
❻ 钢缆 16 毫米
❼ 钢柱 80 毫米 ×80 毫米 ×4 毫米
❽ 钢梁 80 毫米 ×80 毫米 ×4 毫米
❾ 螺栓

The Waterdog 办公空间

一系列办公室以盒体的形式堆叠在教堂后墙处，使老建筑内部空间特点仍然分明。除了展现出现代的金属和玻璃突出结构以外，新结构完全独立于大部分旧建筑结构，而没有触及到它们。

“The Waterdog”是一个采用了最新技术的办公空间。不同的部门和办公室交叠在不同的楼层，带来一种持续而动态的空间体验。

该办公空间是 Klaarchitectuur 建筑事务所的办公室。设计的一个重点是将这座历史性的教堂建筑重新向公众开放。为了实现这一点，建筑师在教堂的中心设置了一个大型的开放空间。办公室以盒体的形式分布在各层，从而留出了必要的空余空间，作为多功能的社交场所，可用于举办各种各样的城市活动。由此，这座曾经在许多人的生活中具有重要地位的建筑得以重获新生，并再次服务于一整个社区的居民。

现存结构的每一次重修都会造成不能逆转的损坏，在破坏结构的同时也消磨了珍贵的历史记忆。尽管老建筑已经十分残破，但该设计还是尽量保留了它曾经的“记忆”。建筑师在恢复历史建筑的过程中一直保持着对创新性解决方案的探索。

由于教堂被列为保护建筑，建筑的翻新会受到一些条件限制，例如教堂的历史性特征必须原封不动地得到保留。因此，建筑师在外墙内、木桁架之间插入新结构并集成到建筑物的屋顶结构中。堆叠的盒子包含工作空间、会议室和公共设施。盒子两端是玻璃窗，可接收自然光线。盒子结构的白色与黑色的配色与原始建筑斑驳的墙面形成了鲜明的对比。虽然老建筑在时间的冲刷下逐渐销蚀，但通过这种方式，它曾经的荣光得以完整保存。

建筑设计：

Klaarchitectuur 建筑事务所

建筑地点：

比利时，圣特雷登市

建筑面积：

300 平方米

完工时间：

2016 年

摄影：

图恩·格罗贝特·威勒里耶·克拉里西

剖面图

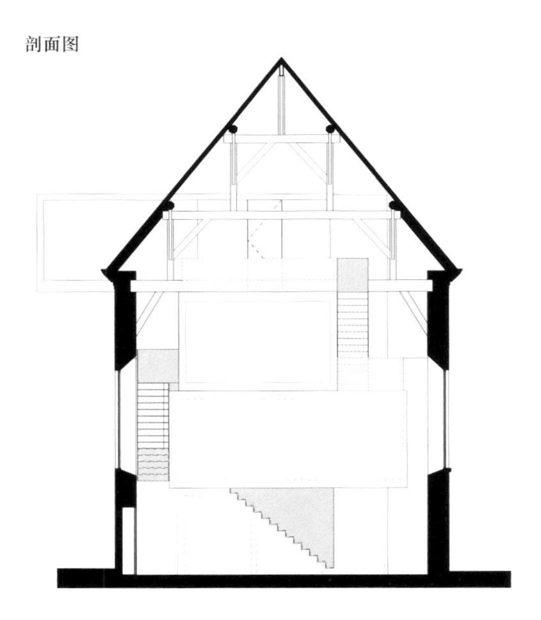

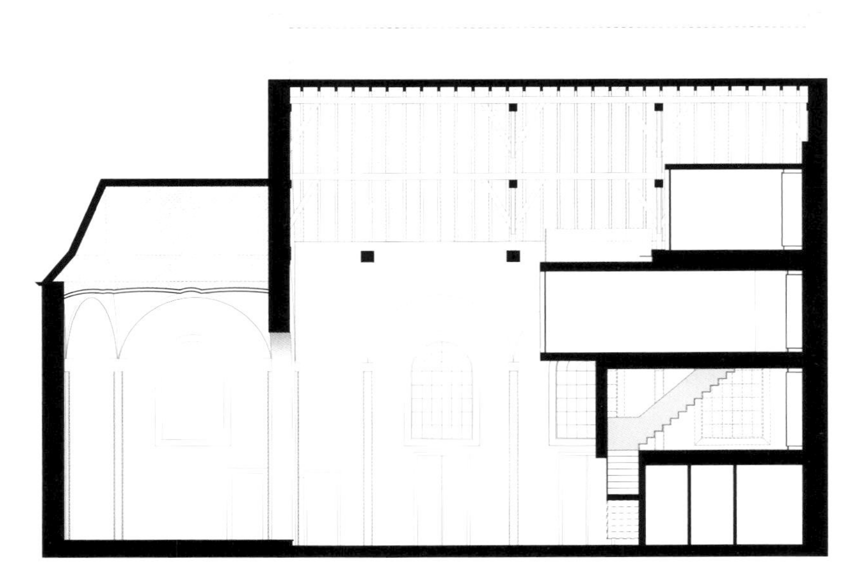

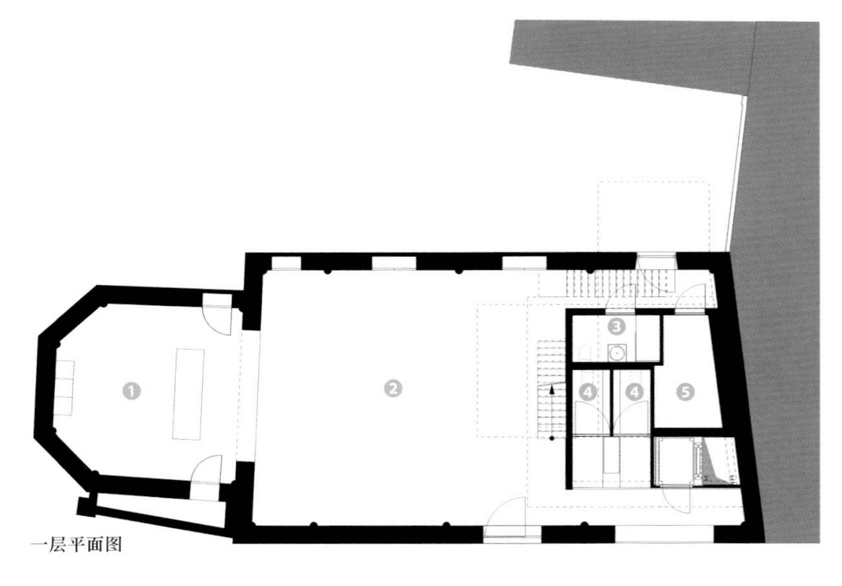

一层平面图

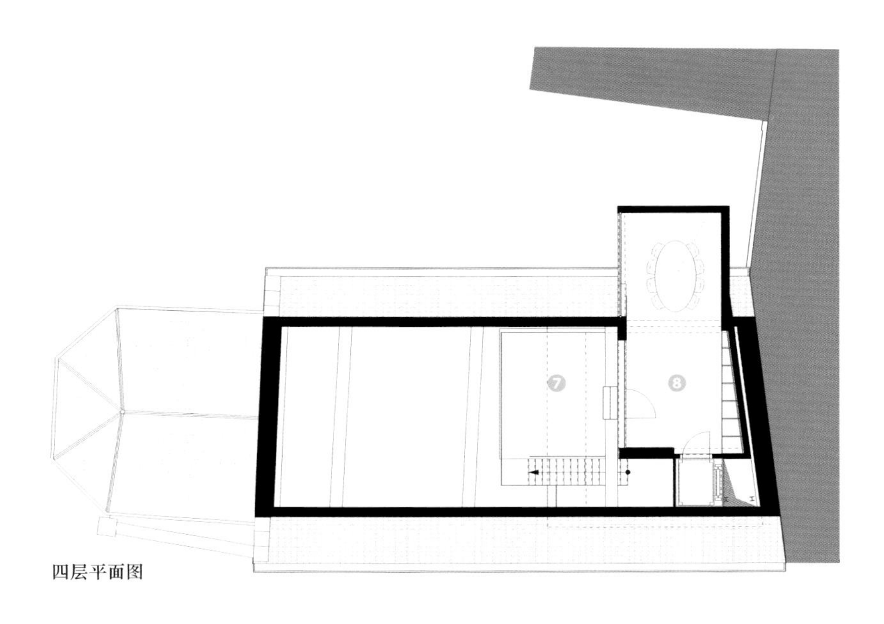

四层平面图

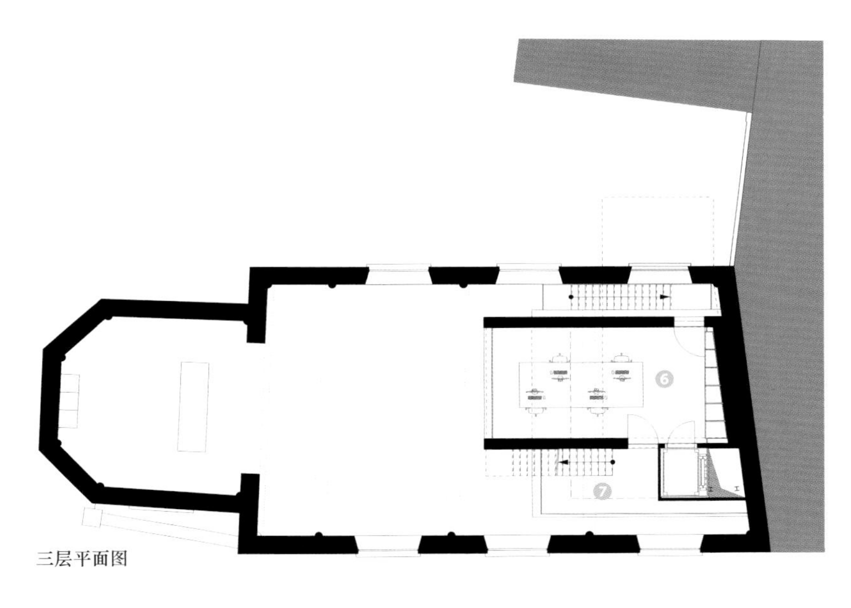

三层平面图

❶ 厨房
❷ 多功能空间
❸ 浴室
❹ 卫生间
❺ 储藏间
❻ 办公空间
❼ 露台
❽ 会议室

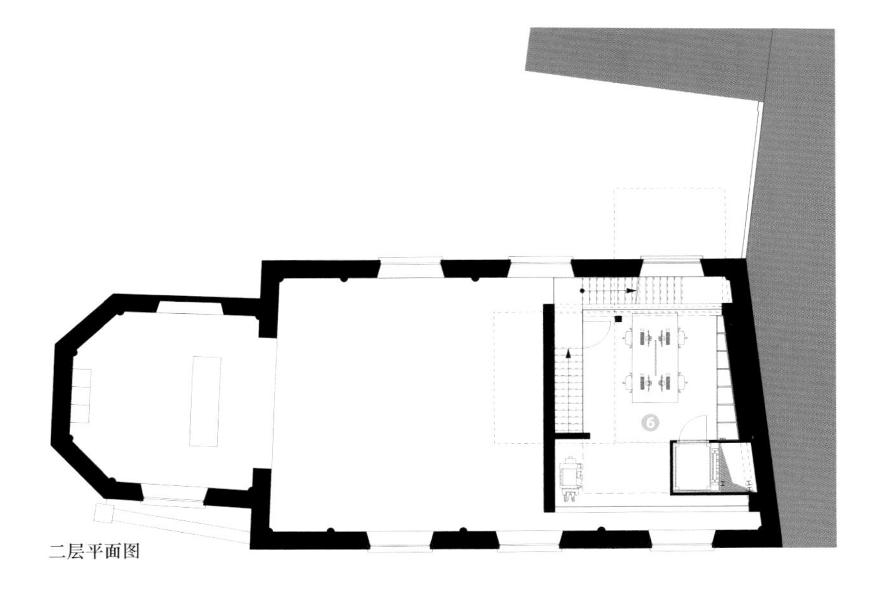

二层平面图

策略

2

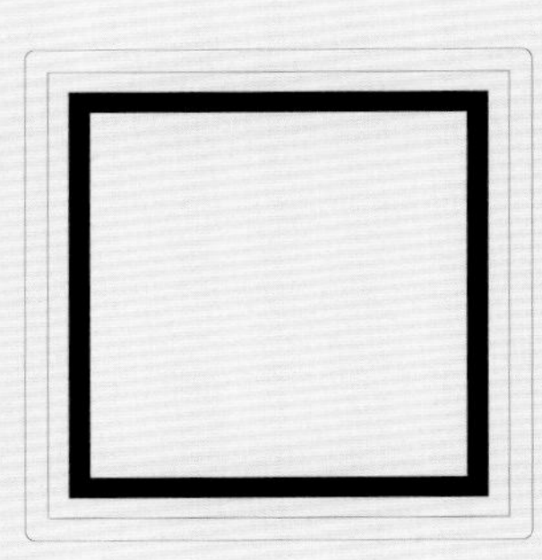

翻新与植入

在这类策略中，设计师利用新的植入结构对室内空间进行重新排列整合，给同样功能的空间注入新的生命或者让旧空间适应新功能。这种改造的实现方式通常为拆除分区或楼层以打开空间，或者将大空间细分为较小的内部体量。通常老建筑的结构可能仍然清晰可辨，而新植入部分与现有结构形成鲜明的对比，或者新结构也可以使用与原来类似的建筑语言。新旧室内设计的融合修改了老建筑的某些特征。原有的外立面虽然得以保留，但通常会被翻新或修复。

这种改造的一个关键特征是建筑的外部结构具有保留价值，且如前一章所述，其原真性可能在于其形式或材料。这可能因为老建筑是具有遗产价值的城市肌理或街道景观的一部分，例如 17 世纪旧房翻新和三尖小屋项目；也可能是因为老建筑是某种类型建筑的典型代表，是某种类型城市肌理或生活方式的重要组成部分，例如白塔寺胡同院落改造项目（老北京胡同文化）；还可能是因为老建筑的外立面本身在材料和构造上就具有保留价值，例如在百年奶酪仓库项目中，现有的建筑外墙不仅具有历史和美学价值，还有良好的承重能力。还有一些建筑物具有重要的价值则是因为它是由业界著名的建筑师设计的，就像安东尼·高迪（Antoni Gaudí）的维森斯之家一样。地标性建筑的外立面通常有保留价值，像维森斯之家和议会街 660 号，但也有一些例外，例如白塔寺胡同院落和三尖小屋，虽然外立面十分不惹眼，但很好地融入了周围的环境，其外立面也应该予以保留。

现有外墙的状态好坏和是否具有遗产价值将决定改造的工作量。那些从外部空间看不到的部分通常会经历大幅度改造。以百年奶酪仓库为例，其中庭被安装了一个新的玻璃屋顶，轻轻地嵌在两个旧屋顶之间；内墙立面采用新木材重新装饰，但外立面和整体体量都得到了保留。在白塔寺胡同改造的中庭空间，建筑师将那些多年非法增建的额外建筑构件移除，又添加了新的结构。维森斯之家修复项目和 17 世纪旧房翻新项目两个案例通过把阳台打开或者将屋顶平台封闭来激活屋顶空间。

外部改造也可以是内部增建的延续，例如，维森斯之家项目中新增建的楼梯一直延伸到屋顶露台。楼梯的形状与外部景观折叠式的平面设计相呼应，从而使外部景观和建筑外墙形成鲜明的对照。

这种策略中，虽然外立面一般会被保留（尽管偶尔需要修复、翻新或激活），但建筑的内部空间通常都需要翻新。这可能是因为功能的改变需要，例如维森斯之家（从私人住宅到博物馆）；也可能是因为建筑内部遭到了严重的破坏，例如美国波特兰议会街 660 号；或者也可能就是简单地因为需要进行现代化改造。不同的原因会带来不同的挑战。在改变建筑用途的案例中，新的动线经常是植入结构设计的主要驱动因素。在维森斯之家项目中，设计师对建筑内外都进行了精心修复，同时增设了新的折叠楼梯作为公共部分连接这座旧宅的不同楼层。而百年奶酪仓库则配备了一个带电梯和通道的新中庭，为居民提供独特的体验。如果建筑结构已经大面积损毁，残留结构可能就无法提供太多关于建筑原来形式的线索，例如议会街 660 号建筑的内部因废弃而破旧不堪，接着又被火烧毁，之后又长时间浸水。建造一个全新的内部结构自然需要一些费用，但好处是内部约束较少，具有一定的设计自由度。如果是出于现代化的需要而进行改造，其面对的挑战可能是新旧建筑元素和设施的整合，或者是解决不符合当前建筑法规或健康及安全规范的政策性问题。有时，改造中也会出现一些增加内部空间的机会，例如在白塔寺胡同院落改造项目中，建筑师将地面降低、天花板移除，在阁楼上建造出了双层的空间。

新旧结构之间的关系是一个重要的考虑因素。在维森斯之家项目，议会街 660 号建筑翻新项目和三尖小屋等案例中，新的结构就是为了和现有结构的形状、材质、颜色和质地形成对比而刻意设计的，而在塞格德大教堂和白塔寺胡同院落改造等案例中，尽管新结构的材料与原来的材料明显不同，但其设计目的却是为了营造新旧结构的融合。在维森斯之家项目的案例中，建筑原来的大部分细节主要是用混凝纸材料参照日本折纸艺术制成的，与新的楼梯形成了反差，而新楼梯在形状上能让人想起折纸艺术。新的对比性植入与原来的部分融为了一体，营造出来一种新的混合美学。这两个层面有着清晰的辨识度，但同时又形成一个统一的整体，其界限有时是清晰的，有时是模糊的。尽管新旧部分都有着截然不同的个性，且新的部分并不低调，设计仍可以用冷静的对比体现对老建筑的尊重，让旧的部分清楚地散发出自己的魅力与气质。在 17 世纪旧房翻新项目中，建筑师用一个新的结构元素将旧的结构碎片以一种穿针引线的方式连接了起来。

如上文所述，与维森斯之家项目和 17 世纪旧房翻新项目一目了然的空间不同，美国波特兰

维森斯之家，Martínez Lapeña - Torres 建筑事务所，Daw 建筑事务所设计 © 波尔·维拉德姆

议会街 660 号建筑的内部已经被火烧毁。人们只能通过残留的外部结构对老建筑进行解读。这种解读对于确定建筑的价值及其未来的风格十分重要。议会街 660 号建筑的内部空间大小就是从旧屋顶的形状和旧立面的特点推测出来的。其植入的白色折叠状结构在视觉上类似于维森斯之家项目，但不同的是，其植入部分是在现有建筑外壳（也经过精心修复）下的全新建筑。新建的内部空间可以从外面看到，整个建筑仿佛一幅透视画。与议会街 660 号建筑翻新项目一样，三尖小屋的外观经过了翻新，同时也增加了新的室内结构。其内向型的室内布局受到了外部场地高度差的影响。与许多其他案例一样，楼梯是一个关键特征，它与合理布置的采光天窗一道，可以让日光深入到建筑物之中，同时也使不同房间在视觉上和空间上相互贯通了起来。

由于这些改造措施的融合性，这种新结构等于在老建筑上雕刻了新的一层，将来不易拆除。建筑师可以采用多种方法对建筑结构进行分层：采用第一种方法，建筑最原始的层通常是有价值的，但中间层或后续植入层则可以不必留存，如在维森斯之家或白塔寺胡同院落中增建的结构，以便仅在第一层和最新层之间创建出对话，避免出现过多的“声音”。这种层的移除有时也会有意外的惊喜，比如在白塔寺胡同院落的浅层挖掘中发现的清代大方石，维森斯之家在去污后焕然一新的青金石拱顶等。这些移除和暴露出来的结构也可以被用于新的植入，这也是对其原来材料价值的认可。在白塔寺胡同院落项目中发现的大方石就被用作展现年代特征的物件，而在拆除违建结构过程中得到的灰瓷砖也被重新用于新的结构之中。但在其他案例中，如 17 世纪旧房翻新项目，所有以前的建筑结构都原封未动，而最后的翻新部分也仅被视为众多分层之一而已。有些结构层的元素可以策略性地保留，如百年奶酪仓库的奶酪搁板和搁架就被重新利用了。一些项目，如塞格德大教堂改造，将分层法更进一步，使新旧各层互相交叠，有时很难区分哪些是出自新建筑师之手，而哪些又是出自原建筑师之手。这种继续借用并重新诠释旧建筑的做法使改造工作极具挑战性。这座大教堂原本设计时就采用了多种建筑风格和建筑系统（有的传统，有的现代），而最新的改造措施同样也使用了各种方法。有时，建筑师增建新的结构与旧建筑形成鲜明的对比；有时，通过旧结构的适应性改造使老建筑变得更为现代（教堂地下室光滑的新白色石膏墙就是一个例子）。多层的处理方法通常会使对建筑物的解读更具挑战性，并且会模糊新旧界限，而采取更纯粹的方式则可以提高两者的可识别性，但这样需要对旧部分采取一些“擦除”措施。

在翻新与植入策略中，有时旧有部分是支持新部分的“骨架”，有时新的部分为旧有部分创建一个新的“场景”。在 660 号建筑翻新项目和三尖小屋中，旧外立面构成了新内部空间的框架；在百年奶酪仓库项目中，建筑师利用老建筑的结构修建了新的中庭区域；而在白塔寺胡同院落改造的案例中，新的结构也是顺应了老四合院的形态而设计的。在塞格德大教堂改造项目、17 世纪旧房翻新项目和维森斯之家项目案例中，新的结构为老建筑提供了一个全新的场景。这种翻新与植入策略还可以创造新的居住空间形式。百年奶酪仓库改造项目将一种以前并不广为人知的居住类型引入老建筑，而且受到了人们的好评，而白塔寺胡同院落改造则旨在为新生代重新定义北京四合院生活方式。无论以何种方式，在本章案例中，新旧部分都紧密地交织在一起，形成新的混搭环境。

维森斯之家

安东尼·高迪等著名建筑师，都有着像维森斯之家这样内涵特别丰富的作品，这使得对这类建筑的改造工作充满着挑战。这个项目的重点改造措施是增加了一个白色的折纸式楼梯，它连接着所有楼层，然后在屋顶露台上出现在人们的眼前。在这个案例中，新的部分可以与原来的结构区分开来，但它是在平等的基础上与旧的部分进行对话——它发出了自己的声音，既没有妥协，也没有过于凸显自己。

该项目是建筑师安东尼·高迪于 1885 年建造的避暑别墅。1925 年，Joan Baptista Serrade Martínez 第一次对该建筑进行了扩建。随后，在 1935 年到 1964 年之间，该建筑又经历了若干次改造，导致北部立面变得面目全非，使人很难搞清楚原建筑的样貌。2005 年，维森斯之家被联合国教科文组织列为世界文化遗产，并于 2017 年改造之后作为博物馆向公众开放。

该项目的修复要尽可能地恢复高迪原作的内外结构以及 Serra Mart í nez 后期所做的大部分加固结构。由于维森斯之家是从单一家庭用房转变为多户住宅的，所以建筑的整个内部也被改变了不少，这些变动在修复工程中得以清理，并被恢复原状。清理后的空间引入了新的楼梯、电梯，还陈设了博物馆的展品。

新的楼梯间符合现行的建筑规范，取代了幽暗的原始楼梯间。这个重要的垂直元素占据了建筑的中心，并将高迪的原始设计与 1925 年增建的部分关联起来。作为摩尔式建筑风格的增建补充部分，楼梯还通向屋顶。

建筑设计：

Martínez Lapeña – Torres 建筑事务所，Daw 建筑事务所

建筑地点：

西班牙，巴塞罗那市

建筑面积：

1239 平方米

完工时间：

2017 年

摄影：

波尔·维拉德姆·维森斯之家

维森斯之家是高迪设计的、首个可从屋顶通行的项目。通过穹顶和塔楼，人们可以感受到摩尔式建筑风格的影响。经过翻新，屋顶的防水性能得到了改善，并且所有的屋顶构件也都得到了修复。

该项目使两个不同建筑时期的风格得以和谐并存。这是一个建筑内部协调融合的项目，也是相距 40 年的两种不同建筑架构之间的对话。

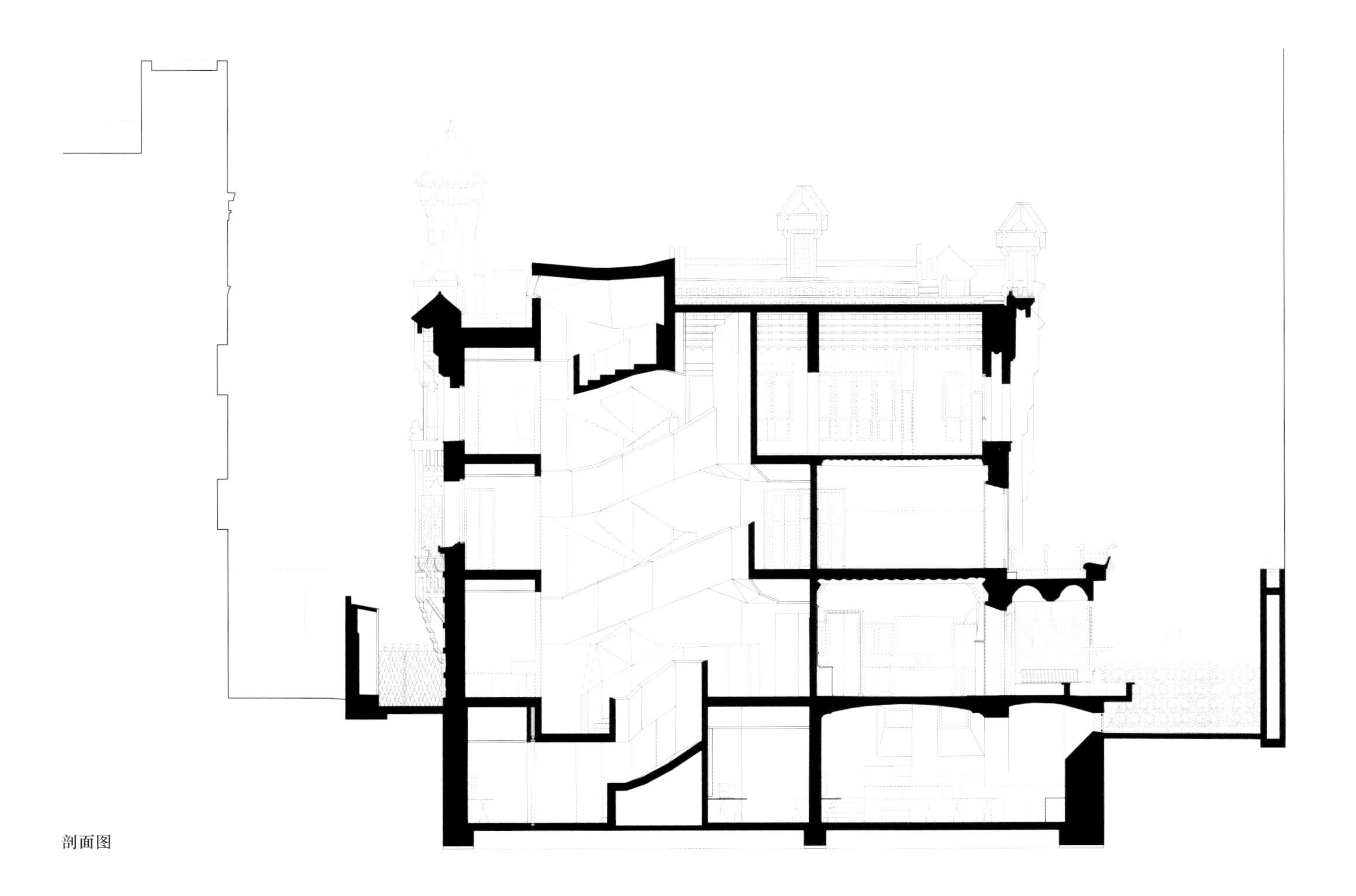

剖面图

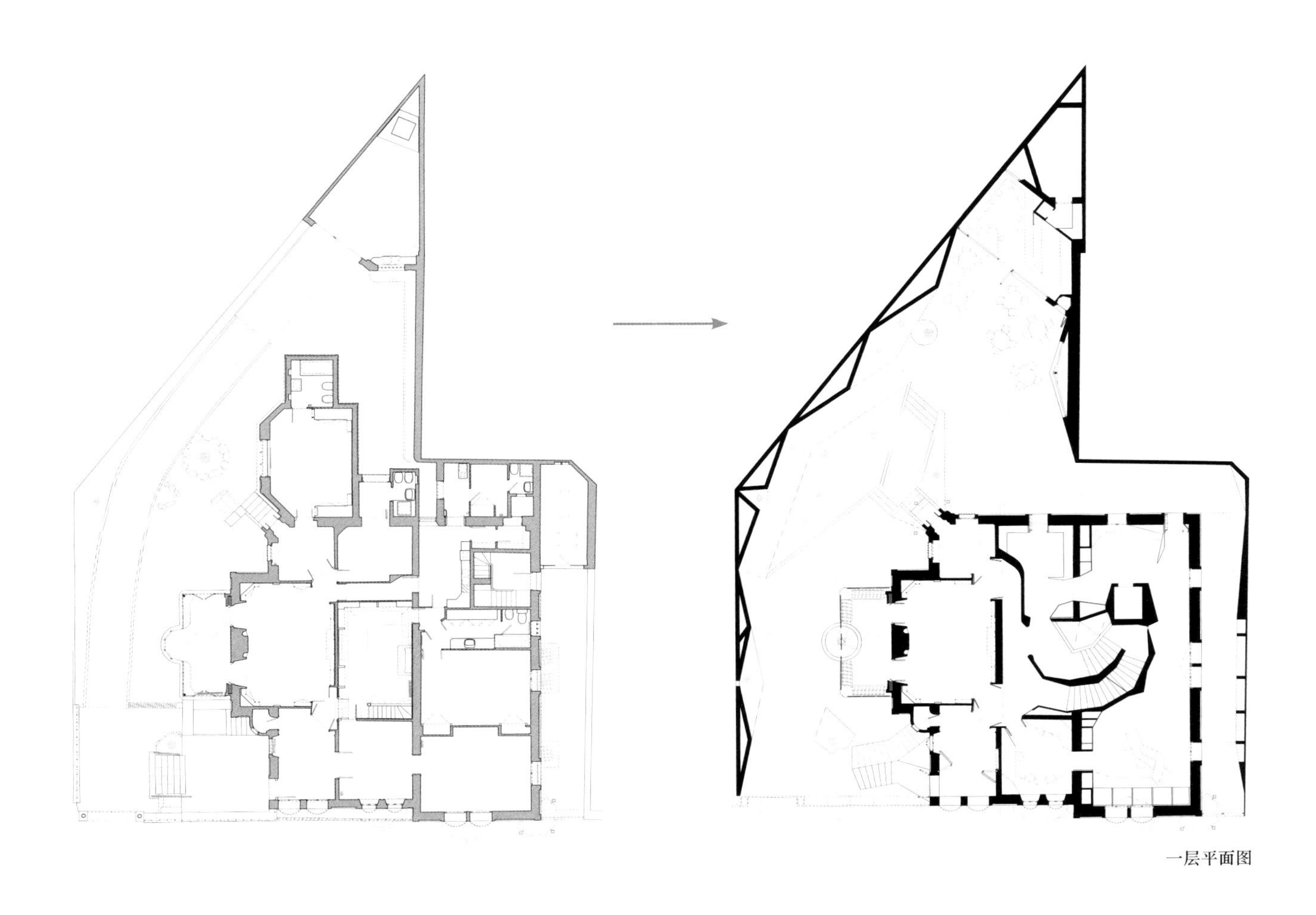

一层平面图

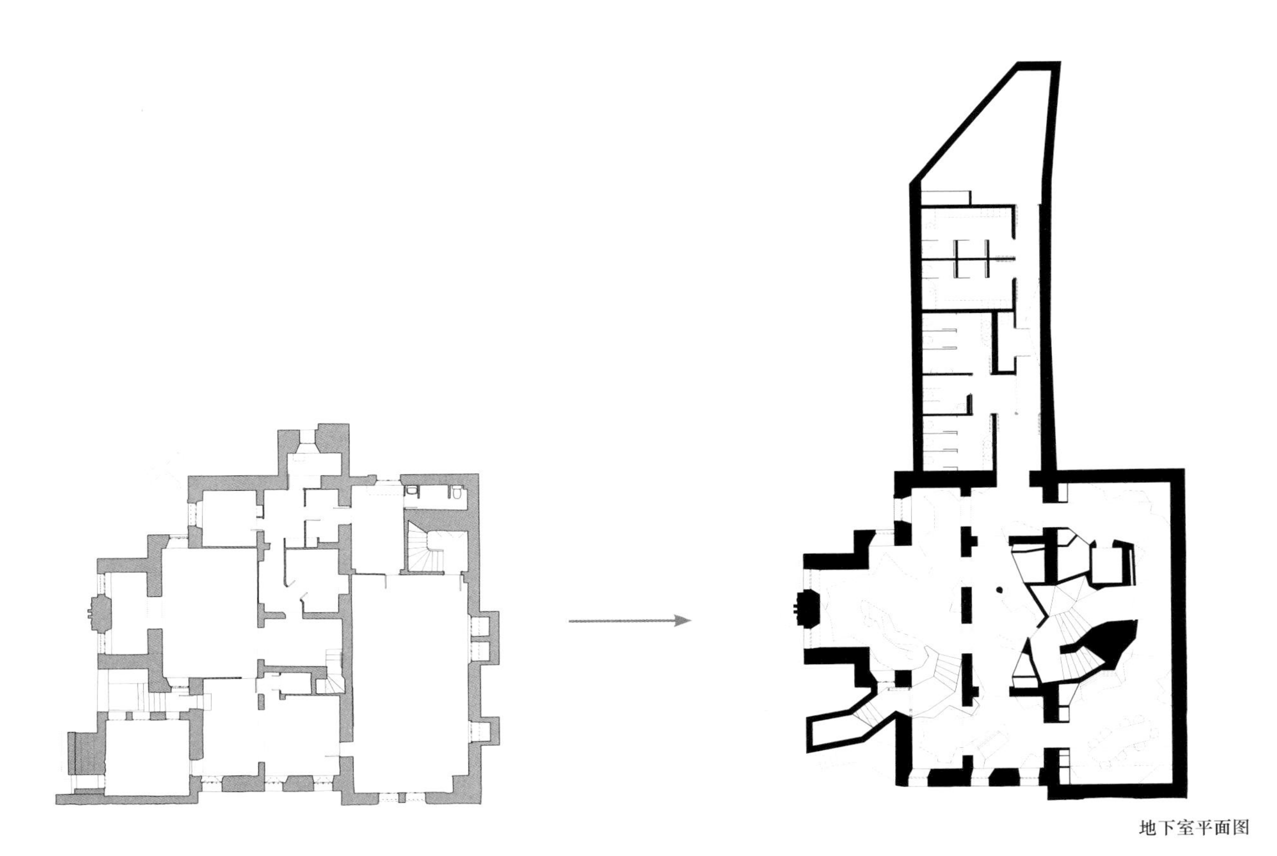

地下室平面图

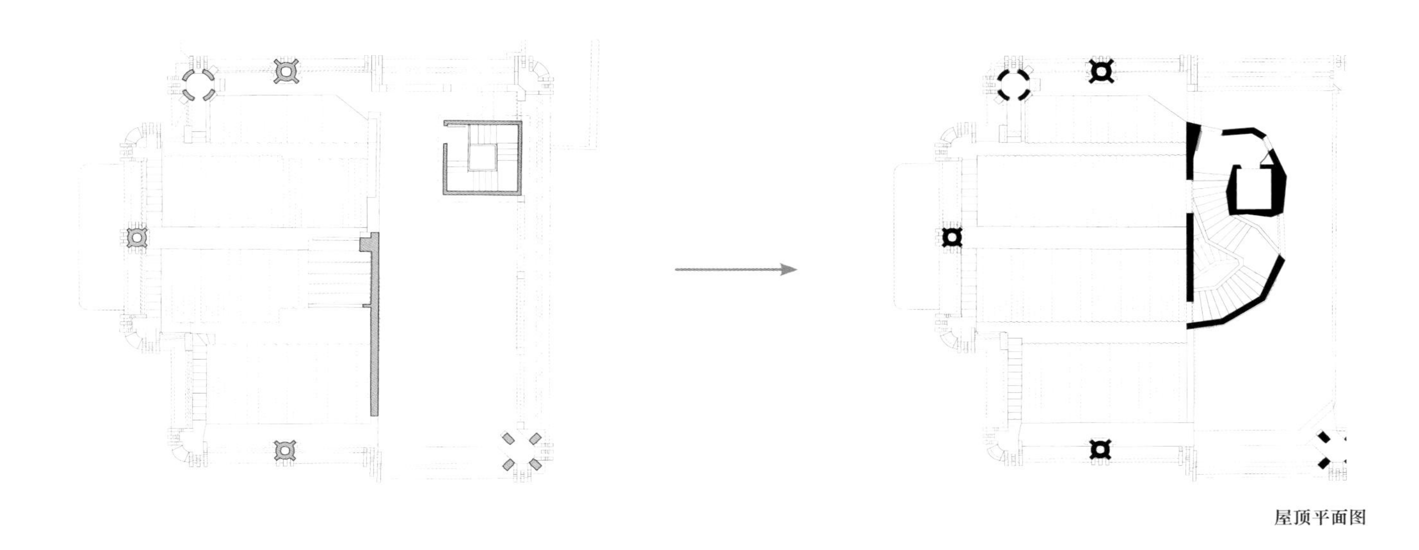

屋顶平面图

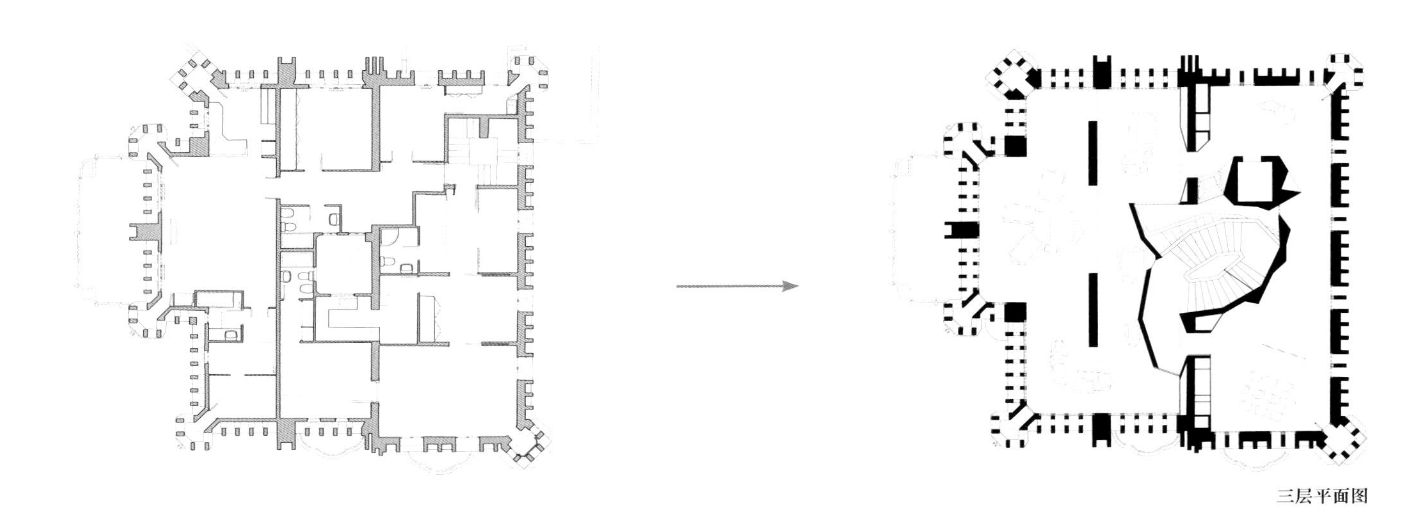

三层平面图

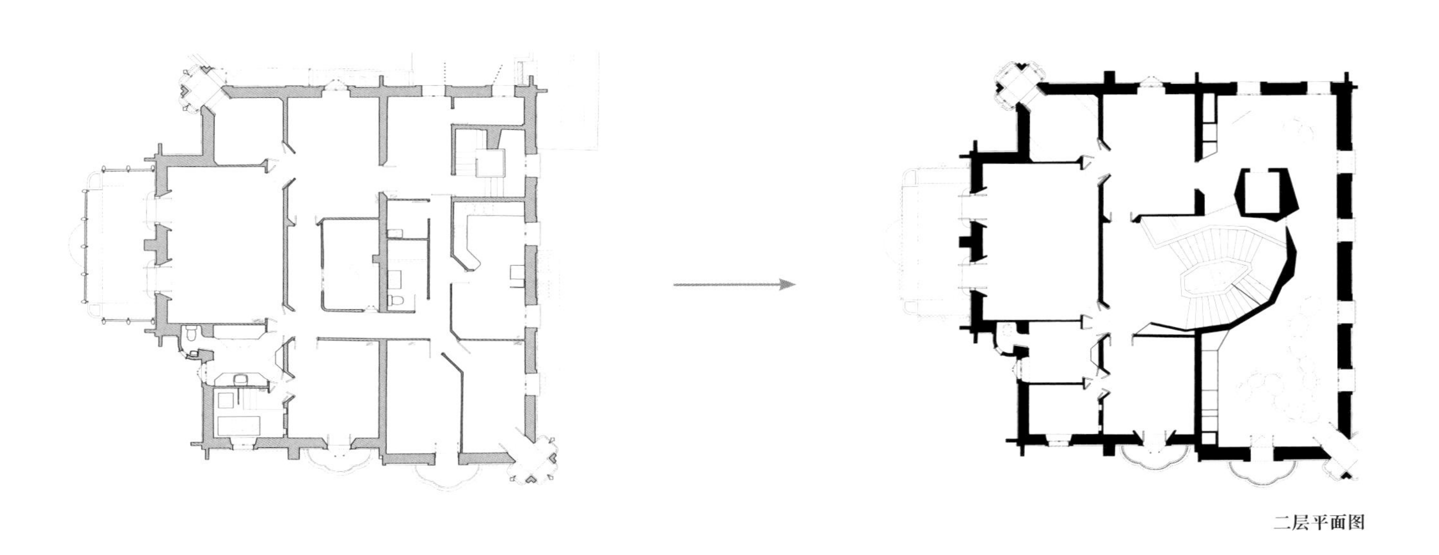

二层平面图

议会街 660 号

从附近建筑物中获得的材料使这个历史悠久的木材仓库的外立面得以修复，而隐藏的保温层保持了老建筑内墙面的特色。新结构像家具一样被巧妙地插入巨大的内部空间。新门窗的合理布置让人们在室内时时都能看到周围的景观。

初建于 1886 年的议会街 660 号建筑已被废弃了多年。这里曾发生过火灾，随后由于长时间浸水，建筑内部变得破败不堪。2011 年，新业主对建筑的受损结构和砖石外墙的恶化情况进行了调查，认为这座建筑迫切需要进行全面修复。此次设计旨在重振这座标志性建筑，对其内部进行现代化改造，使各个空间流畅通透。

建筑师想要设计出一座既能展现其历史风貌又不受其原来结构所约束的建筑。这座占地 697 平方米的建筑于 2016 年完工，包括两套两居室公寓、一楼光线充足的商业空间和地下宽敞的零售空间。

项目的设计挑战是在没有历史建筑档案的情况下，找到一种改造这座建筑内部的办法。这座建筑的外立面是该项目最为重要的历史部分。它经过了精心修复，其中包括以下改进：修复了石板瓦斜面屋顶，清理替换了残破的砖石，用节能的铝包木窗更换掉了原来的双挂钩窗，修复并保留了原来的玻璃横梁和多窗格双挂钩窗等。

在尊重老建筑立面特色的前提下，建筑师用曲面的墙体回应曼莎式屋顶的轮廓。建筑师安装了新的铜屋顶。多年来随意附着在立面上的、难看的排水管被隐藏到了砖隙之间。压制的横梁雕刻和小装饰元素在现场被修复，腐烂的木质窗框也被更换。一些天窗和隐藏的开口将光线引入各个内部空间中，使室内变得明亮通透。

建筑设计：
PRESENT 建筑事务所
建筑地点：
美国，波特兰市
建筑面积：
697 平方米
完工时间：
2016 年
摄影：
罗伯特·戴奇尔

58
188
660

ONE WAY
ANTIQUES

正面立面图

剖面图

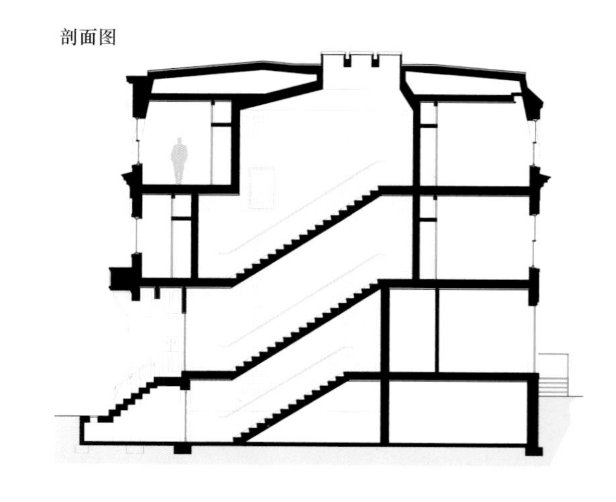

其他的老建筑结构，比如拱形门廊、壁炉和砖砌结构都保留了下来。新的住宅入口处设有白橡木踏板的黑色钢制楼梯，是由缅因州当地的焊工制作完成的。钢制栏杆沿着楼梯延伸到了三楼，阳光从天窗投射下来时，栏杆在裸露的旧墙砖上形成斑驳的阴影。许多改进元素都采用了隐藏式设计，例如新的暖通空调 HVAC 系统和公用设施、安全性结构改造工作以及升级的环境和生命安全系统等。

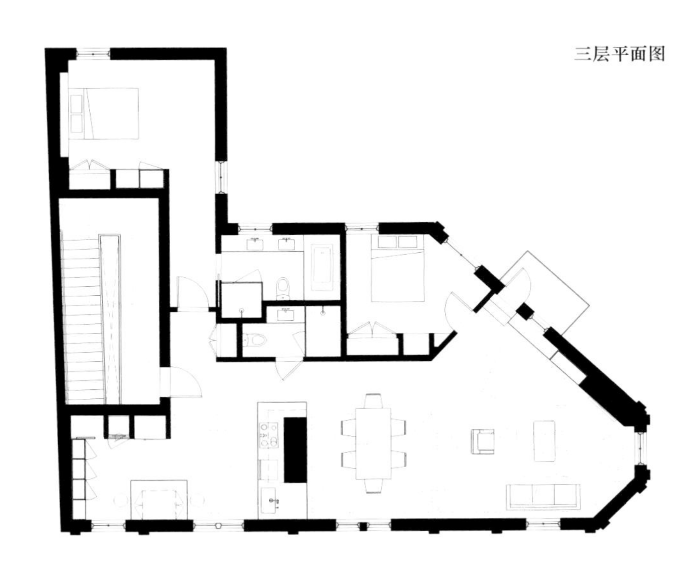

三层平面图

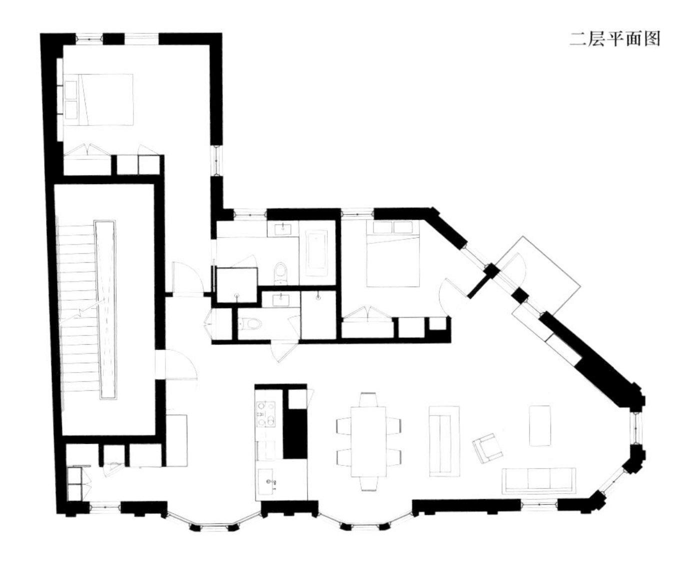

二层平面图

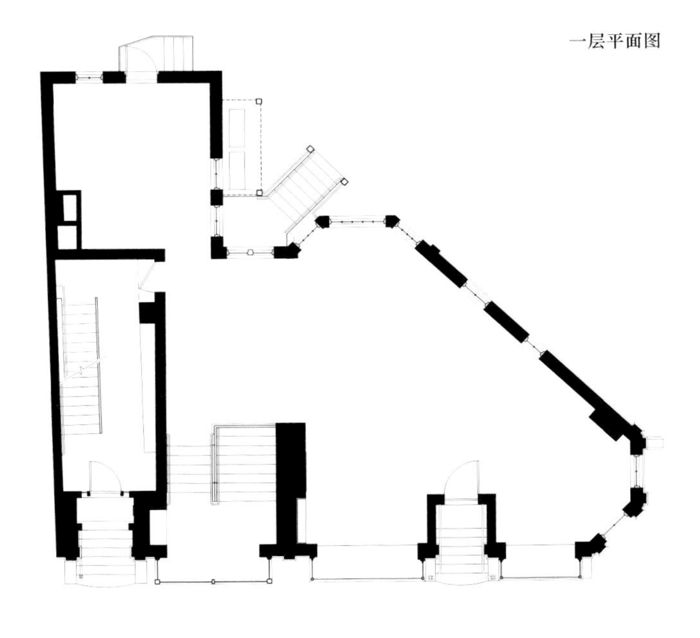

一层平面图

17 世纪旧房翻新

老建筑的历次改造都得到了尊重。各种旧元素交织在现代的新内饰之间。虽然朝向历史悠久的公共广场的建筑正面保持不变，但新的内部空间以金属立方体的形式展现出来。在这里，人们可以俯瞰到建筑后面更具工业气息的环境。

这是一个将位于布鲁日市中心啤酒厂的、两栋废弃的 17 世纪保护性房屋翻新重建成为一个家庭住宅，并保留原来的零售和仓储空间的项目。

建筑上不同的窗户类型和后面增建的立面是两百多年来多次房屋改造的结果。本项目的设计即从建筑所经历的这些变化开始。建筑师保留或重建了具有历史性的部分，但在必要的地方进行了结构上的改进。旧元素（门、壁炉、横梁、楼梯）与新元素紧密地结合在了一起，同时又有着清晰的分界。

原来楼梯的上方增建了新楼梯，使得原先并未使用过的阁楼可以让人自由出入。同时，建筑师在“人”字形屋顶之间设计了露台，充分利用了屋顶之间的空间。露台和楼梯一起激活了建筑上部的空间。

一个脊式结构将不同的楼层相互连接起来，把光线从露台和阁楼上的梯形窗户引入到了室内。用餐区光线最暗，因此建筑师在屋脊上开了一些窗子。餐厅外面还有一个具有工业气息的阳台，人们可以在此欣赏啤酒厂内部广场上的活动。

修复后的房子内还设有两扇隐藏门：一扇用于隐藏浴室；另一扇用于隐藏竖井，以便将来可以安装电梯。一楼旧走廊被重新开放，而建筑前部原来的空间格式得以保留以便容纳更多的私人功能空间。

建筑设计：
Atelier Tom Vanhee 建筑事务所
建筑地点：
比利时，布鲁日市
建筑面积：
305 平方米
完工时间：
2016 年
摄影：
菲利普·杜雅尔丁

Fascino HATS & CAPS

来自相邻啤酒厂的余热可以为这座房屋供暖，而雨水则被回收利用。该建筑地点靠近布鲁日旅游区的公交枢纽，所以建筑师尽量采用最少的干预措施，不影响前面热闹的公共广场的景观。该工程成功地翻新了这座具有历史价值的建筑，同时也保留了这里的历史痕迹，供后人欣赏。

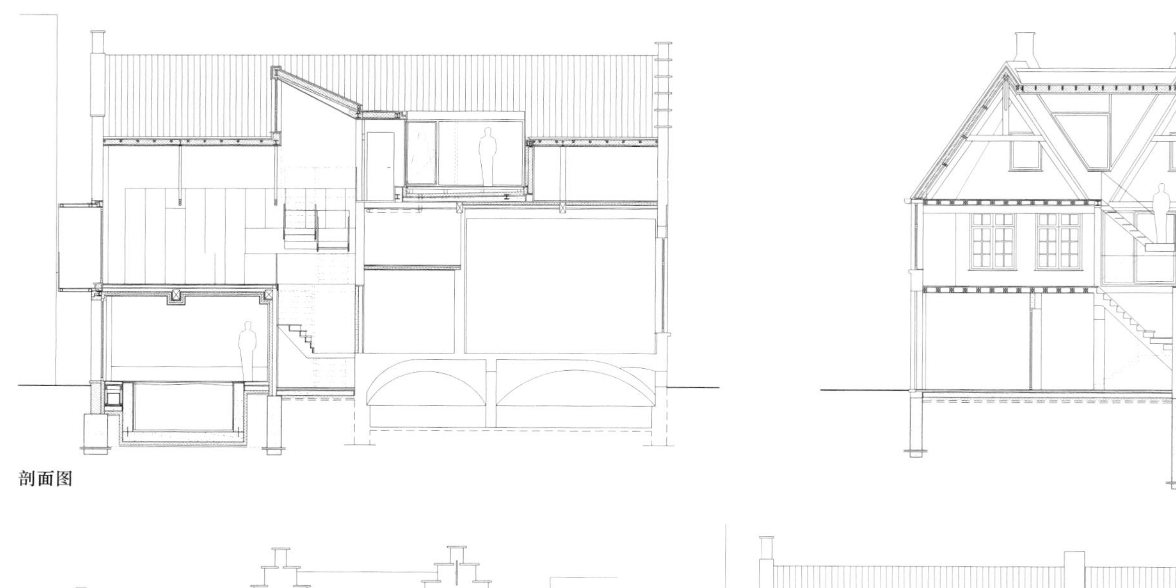

剖面图

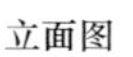

立面图

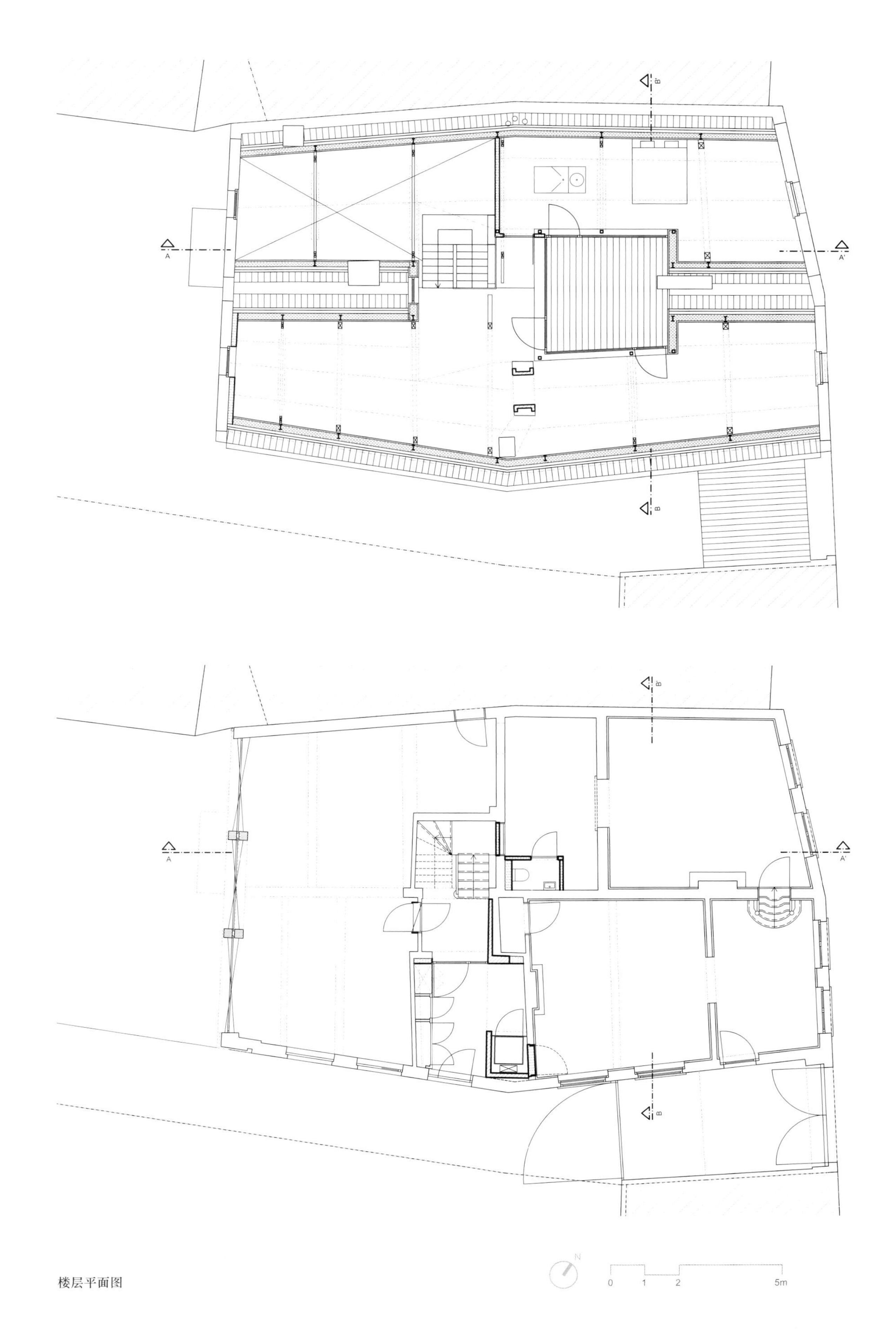

楼层平面图

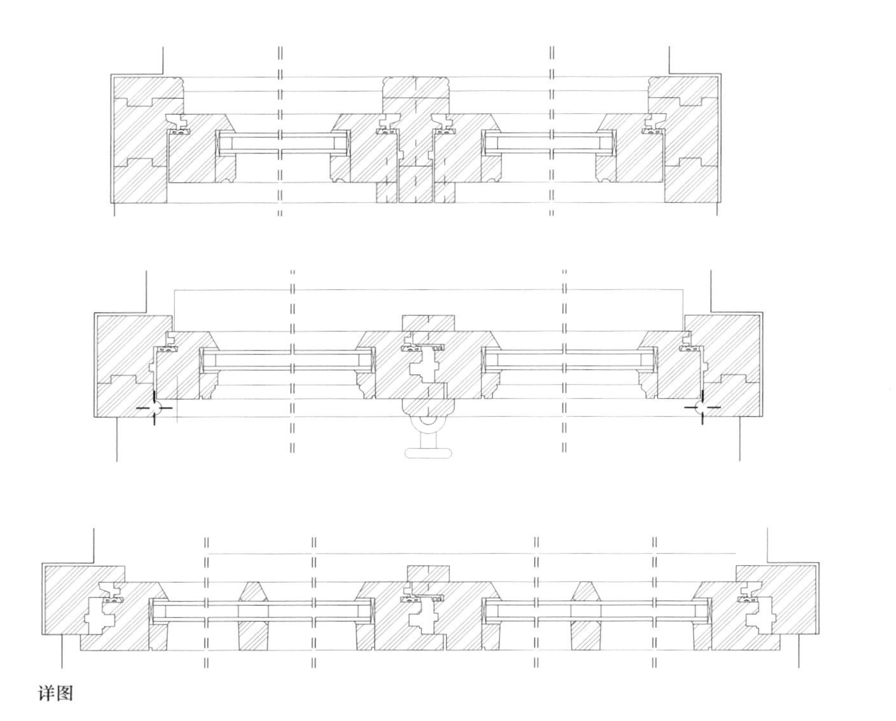

详图

塞格德大教堂

建筑师参考着旧教堂原来的样子，对其进行了重新诠释，使不断叠加的建筑风格中又增加了新的层次，在修复、重建和转换之间，创造出了一种微妙的现代与历史层次相互融合的效果。

该项目的核心是对地标建筑塞格德大教堂进行旅游开发，让游客和教徒们了解塞格德－乔纳德教区的千年历史。这个全面开发计划旨在突出这座大教堂之美，使人们可以自由出入这里，同时强化周边社区的建筑特色，并将教堂及其各个文化空间变成游客、教徒和塞格德居民的活动场所。

翻新工作不仅是一种美学干预，也是一种重新考量——一种对关键建筑元素如教堂、礼拜空间、西塔楼和 12 世纪的德米特里（Dömötör）塔楼等部分的重塑。通过这次翻新，过去的旧教堂成为现在的新焦点，建筑师充分利用了以前被遗弃的空间，打开了这里曾经封闭的各个区域。

建筑师首先厘清了原建筑与改造部分之间的关系。一方面，建筑需要被恢复到原始状态；另一方面，这些改造变化都是根据现代标准和知识对教堂建筑进行的重新诠释。建筑师发现不同时期的改造叠加特别难以处理，因为近年来的一些改造都无可否认地具有一定的艺术价值。例如，德米特里塔的洗礼堂就是辅以一些现代元素，根据贝拉·里尔里奇的愿景重建的。

由于这座大教堂建于历史主义建筑时代的末期，在现代主义的曙光之下，它颇为巧妙地采用了当时演变中的建筑技术和建筑风格。这一点在塔楼

建筑设计：

3h 建筑事务所 + Váncza Muvek 建筑事务所

建筑地点：

匈牙利，塞格德市

建筑面积：

7452 平方米

完工时间：

2015 年

摄影：

特马斯·布亚诺维斯凯，3h 建筑事务所

的设计中来说尤其明显。其地下室是正方形、矩形柱子托着坚固的实心砖交叉拱顶建造而成的，而且大教堂的楼层也采用了这种建筑技术。然而，塔楼下的封闭拱顶则是由钢筋混凝土建造的。塔楼用特别坚固的带肋混凝土板堆叠起来，并旋转了 90 度。

建造地下室是为了提供一个储备空间或缓冲区。这部分还能防止地下水和洪水的浸入。由支柱和交叉拱顶所限定的区域形成了一个令人着迷的空间。这部分工作的目的不是要改变这个空间，而是要揭示它、诠释它，所以并不需要太多的干预措施，而是要让人细心体会它存在的意义。砖砌的拱顶所定义的空间颇具历史风格，但它们所处的位置和实用性却与现代建筑有关。其独特的魅力给了建筑师灵感，故而建筑师将其保留了下来并进一步加固。

建筑师的目标是结合历史建筑的对称性和装饰性这两个重要特征进行设计，以便从今天的角度重新诠释这两点，同时也将之应用于新建的部分。所以，对称性和装饰性都出现在新设计的部分中，同时建筑师还增加了一些当地建筑的风格特点并舍弃一些华而不实之处。此外，建筑师对 20 世纪 30 年代的装饰图案在多大程度上仍然具有辨识度、是否可以继续存在以及对其改造所允许的偏离程度等进行了研究，对这次改造起到了很大的帮助作用。

剖面图

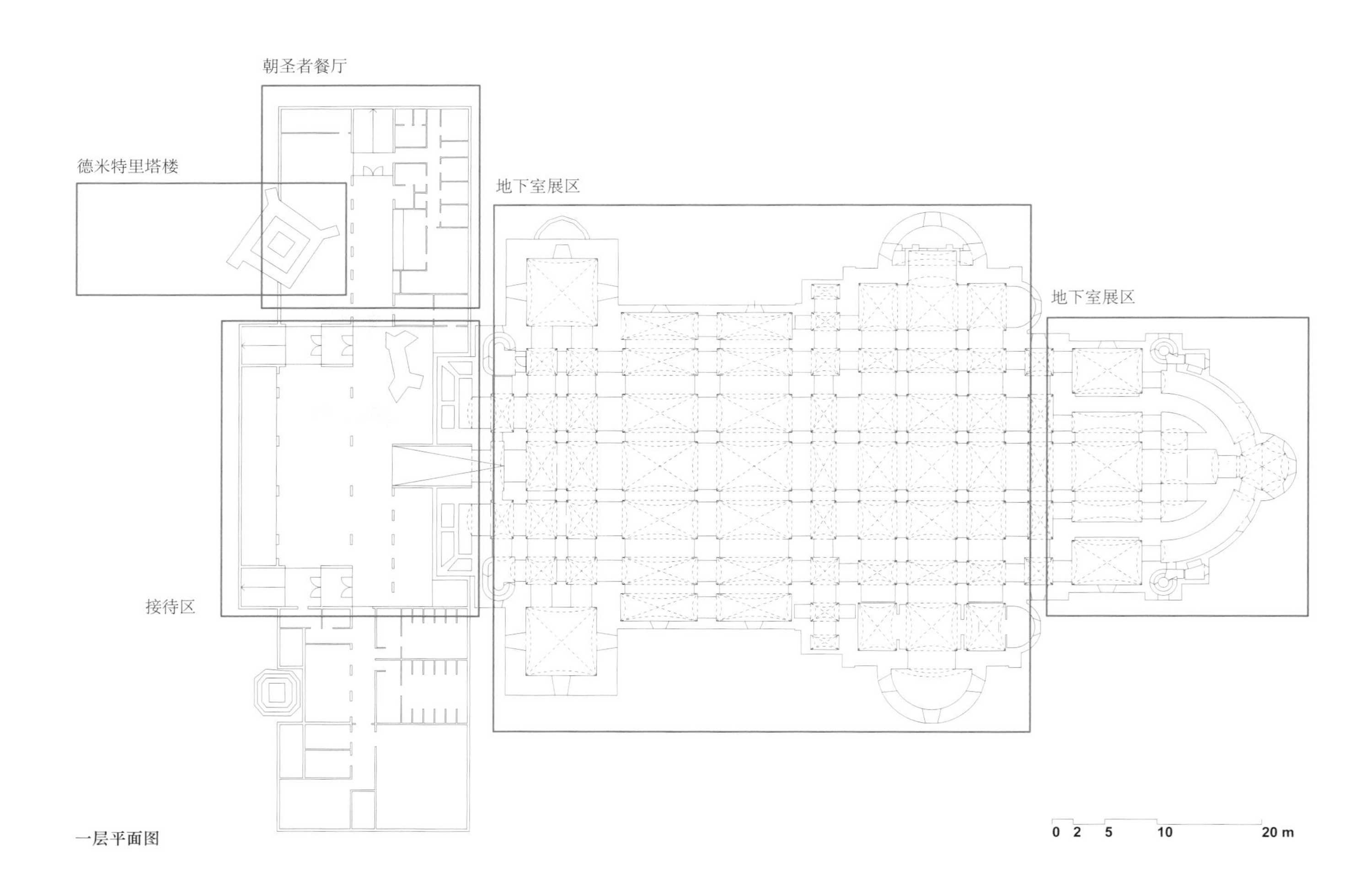

一层平面图

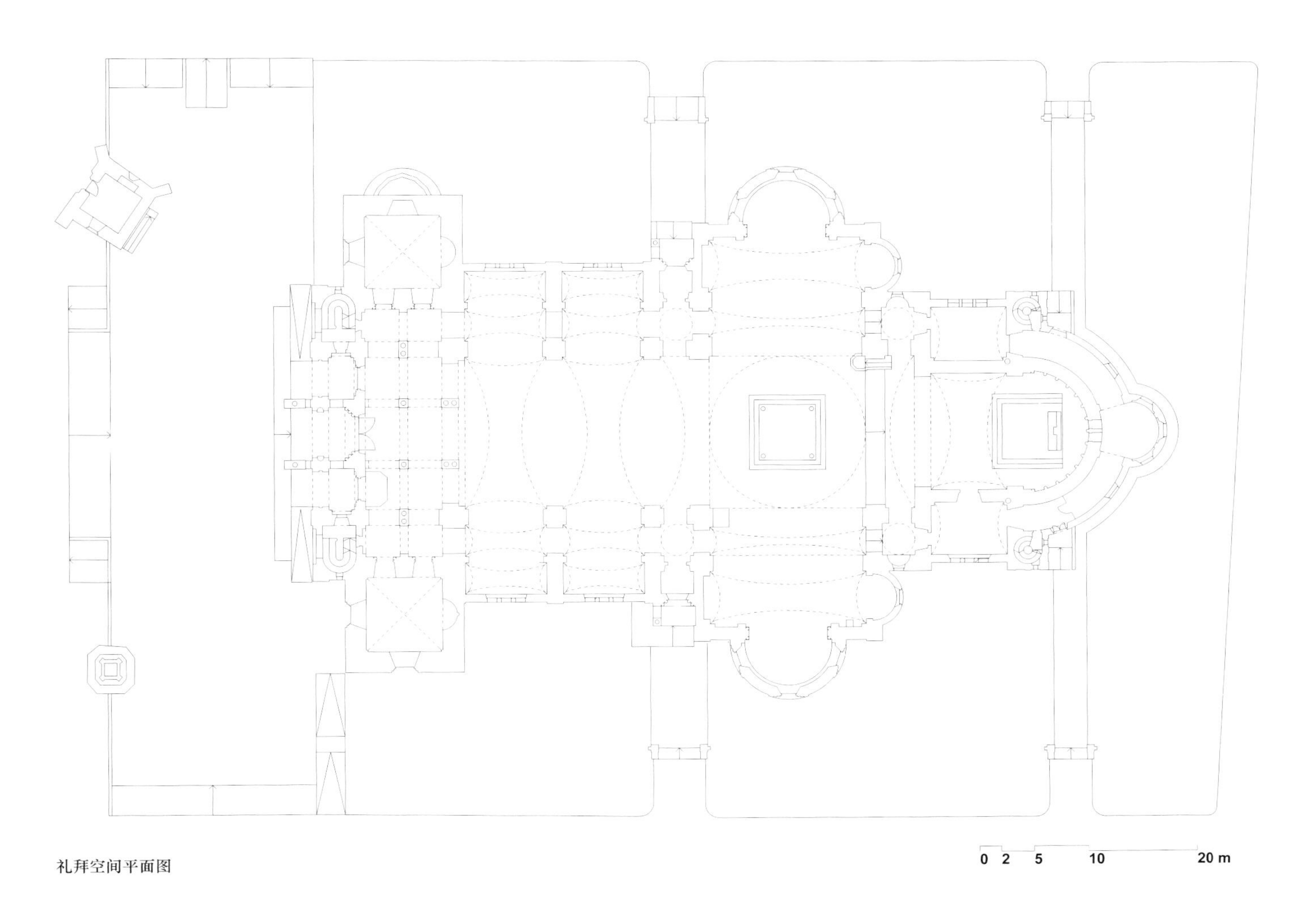

礼拜空间平面图

0 2 5 10 20 m

三尖小屋

这座建筑的外墙经过了精心翻修，成为促进相邻的两座三角墙做出改变的催化剂。改造后，随着临街建筑和后面广场间高度的变化，自然光在一整天中都游走于这个连贯的通透空间之中。同时，建筑师将内部空间进行了最大化处理，展现出了原来的室内屋顶结构。

19 世纪后期，大量葡萄牙移民从巴西返回，特别在杜洛河地区和米尼奥省，这些返乡的移民为当地贸易和工业带来了大量财富，也带来了源自于 19 世纪巴西的经济繁荣和文化融合的影响。与此同时，这些葡萄牙北部城市的众多建筑也受到巴西风情的影响——细高比例、高挑的窗户、尖屋顶和屋檐装饰。三尖小屋便是在这样一个特定环境下较为典型的、受巴西风格影响的建筑。这是一幢小型宫殿的附楼，坐落在布拉加的中世纪古城中心，采光很好，全天都能享受到自然光。

项目要求建筑中要规划出一个工作室和一所住宅。因为街道和街区内的广场间有 1.5 米的高度差，所以建筑师将工作区域设置在一楼，向西与街道相连。

建筑师把外立面按照原始风格进行修复，并恢复了原有的宽敞的功能分布（木地板、天花板结构和原来的楼梯等）。潮湿的区域和一楼铺设了葡萄牙埃斯特雷莫斯大理石。墙壁、天棚、橱柜均为白色。

为了简化建筑的内部分区，项目整体沿用了依照水平空间布局的策略方案。随着楼梯而上，空间的私密度也逐层增加。随着台阶的上升，楼梯也变得越来越窄，表达着不同楼层的空间性质在发生着变化。

建筑设计：
Tiago Do Vale 建筑事务所
建筑地点：
葡萄牙，布拉加市
建筑面积：
171 平方米
完工时间：
2014 年
摄影：
若昂·摩尔甘多

立面图 1

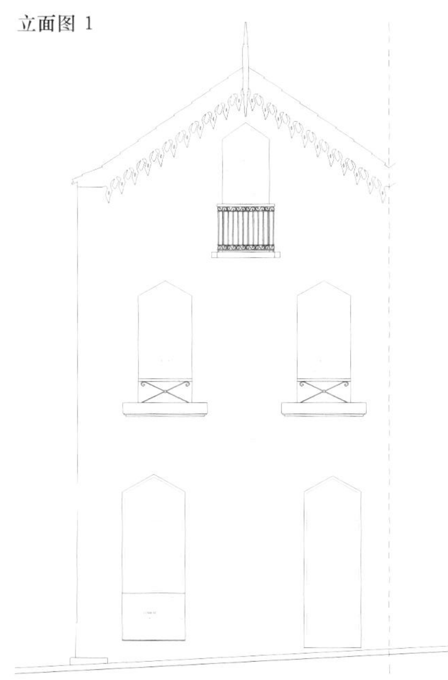

新楼梯的几何造型十分独特，敞开式的设计给东、西两侧的空间制造出高效的视觉联系，自然光从上层空间漫射到下层，照亮一楼办公区的工作室。新楼梯还起到了分隔厨房与客厅的作用，开启了整个房子全天候自然采光的模式。在早晨，日光透过楼梯的天窗直接照射到厨房里；到了下午，光线又会自然地转换到活动间。

楼梯的顶端台阶非常窄，这里是卧室所在的屋顶阁楼。设计者对原本的屋顶结构做了喷白处理，明显的结构线条被完全保留了下来。顶楼楼梯的另一侧，是针对每个楼层而设的不同的组织功能空间，衣帽间与卫生间就设在此处。

立面图 2

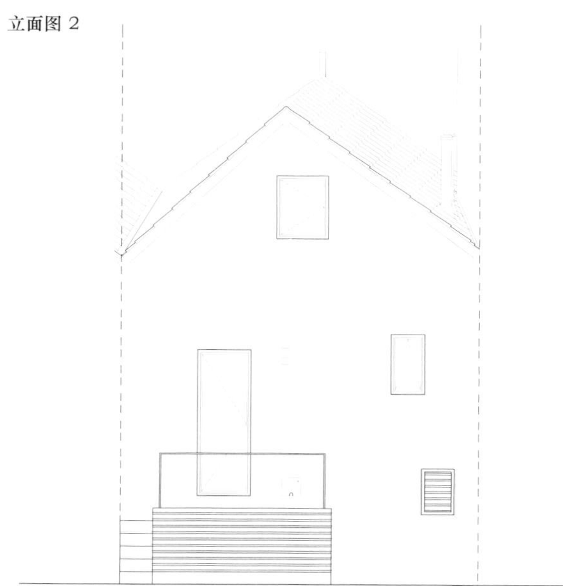

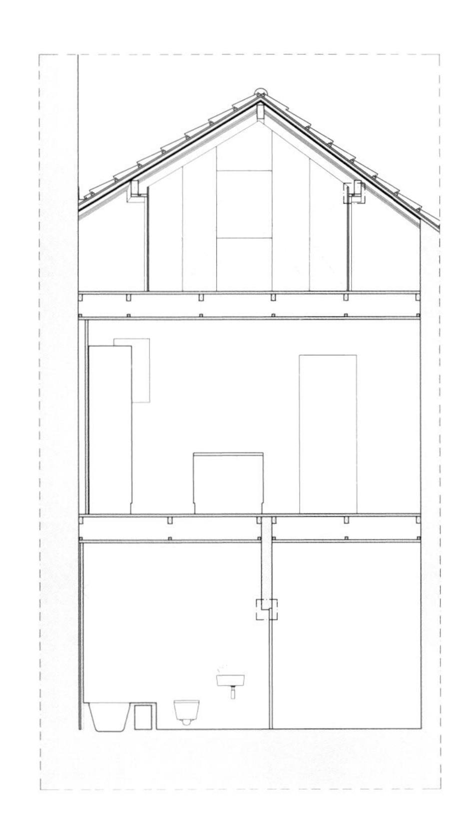

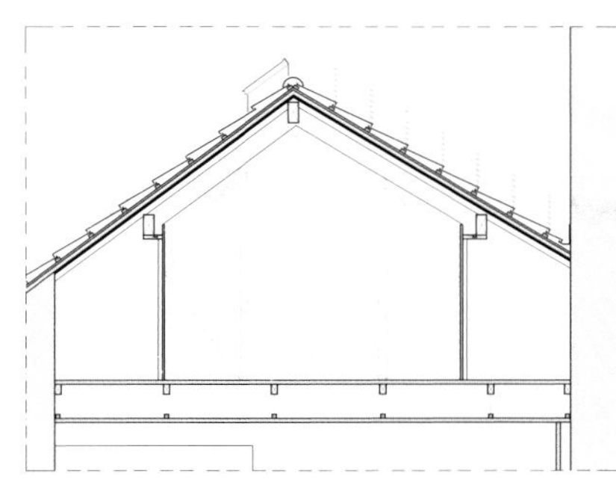

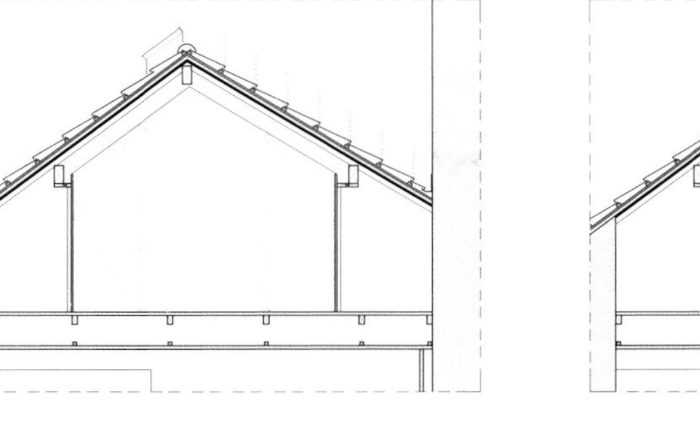

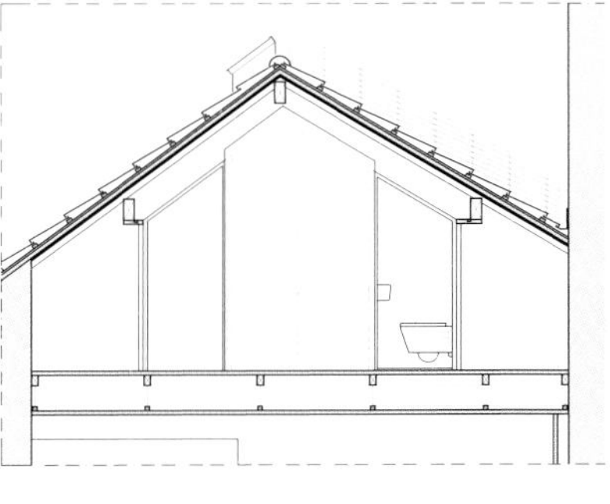

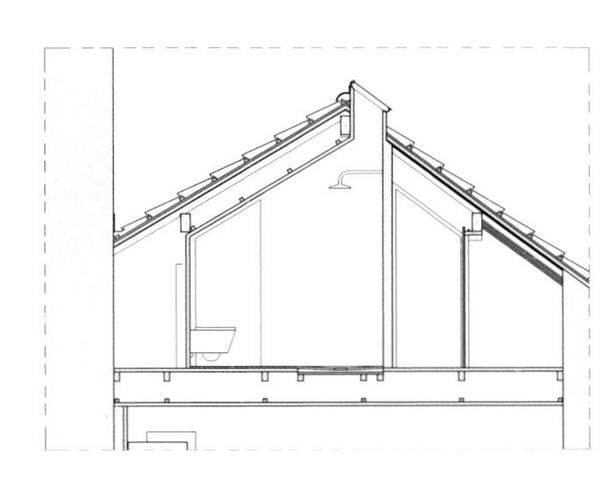

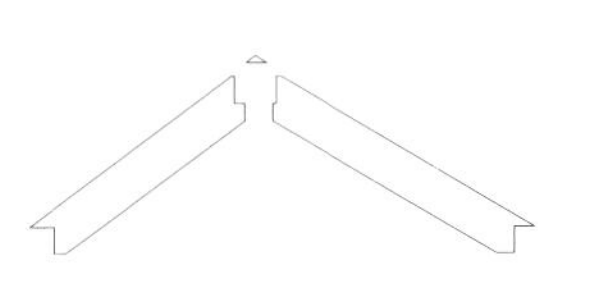

横剖面图

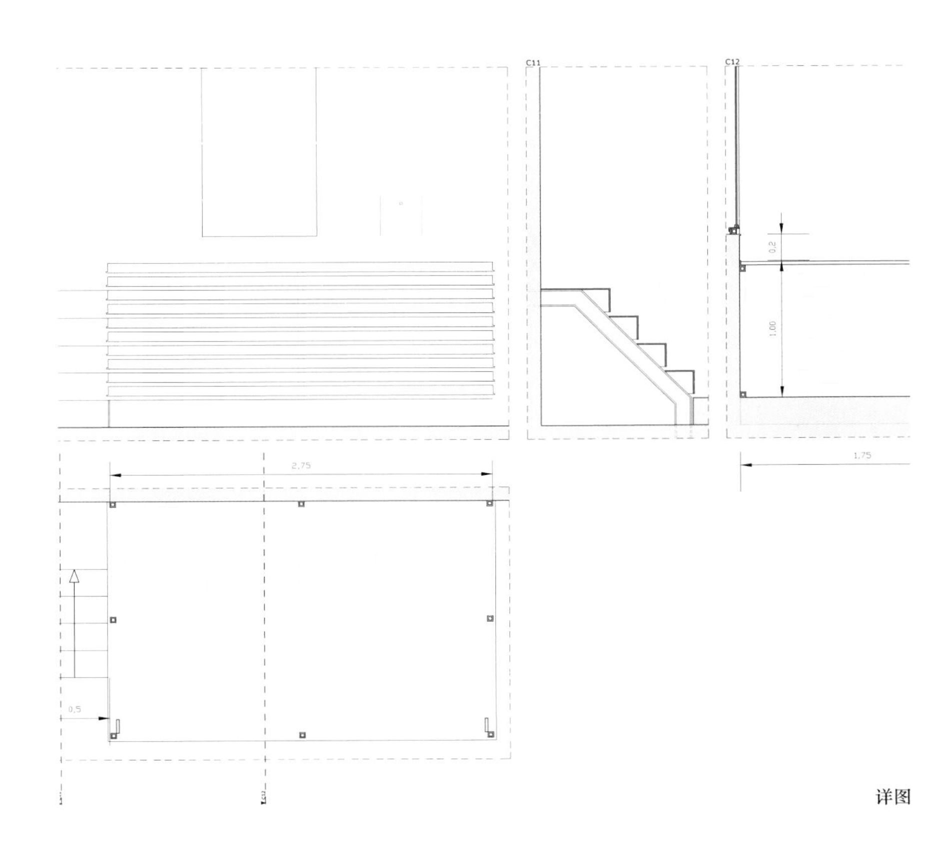

详图

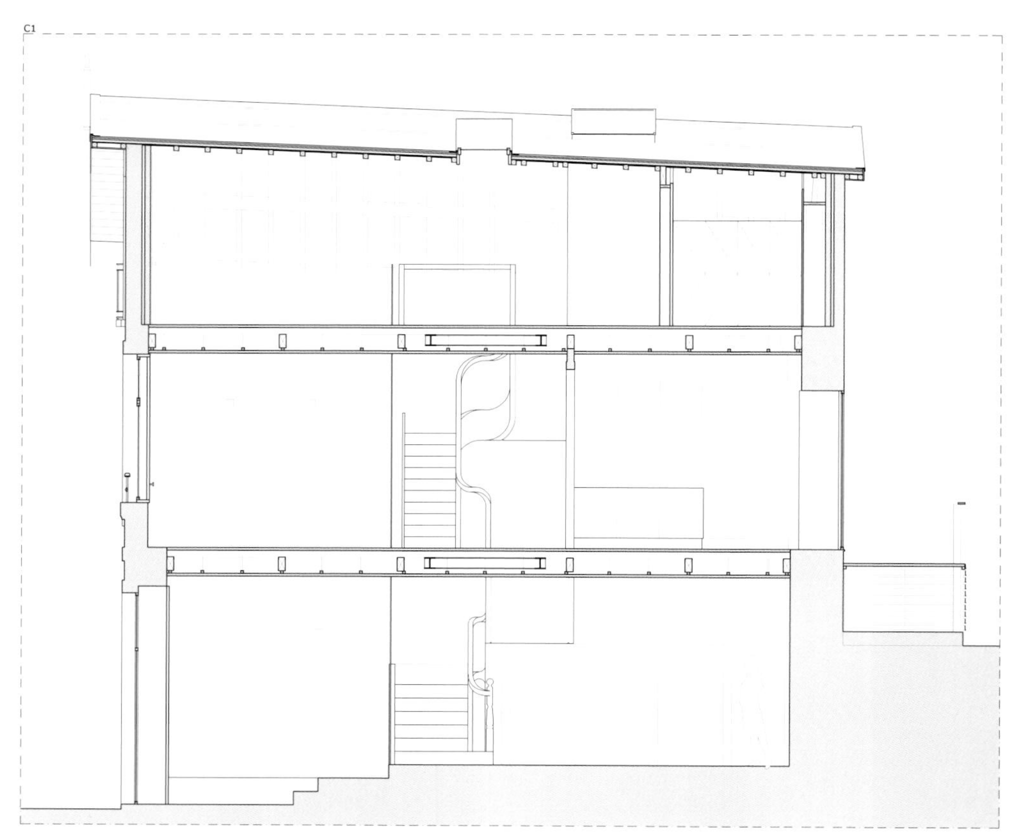

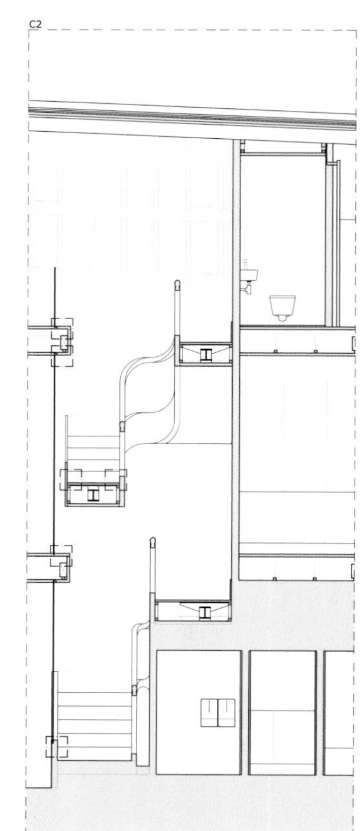

纵剖面图

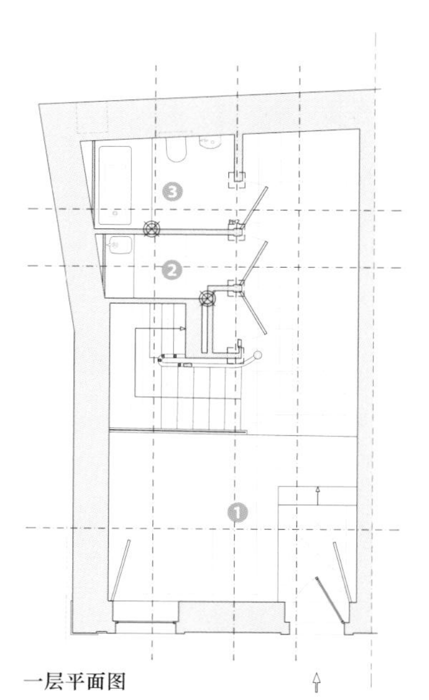

一层平面图

❶ 门厅
❷ 洗衣间
❸ 浴室

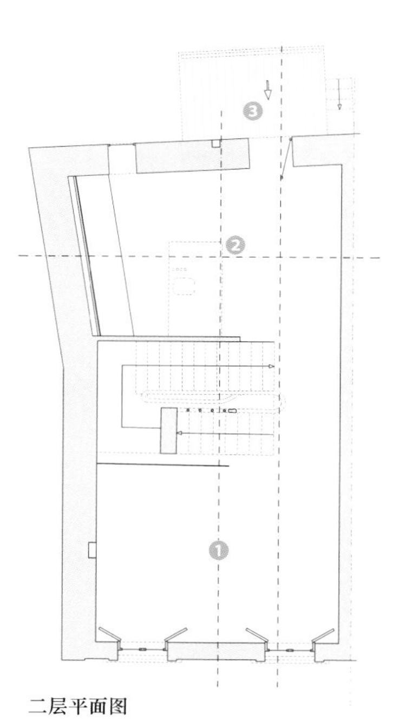

二层平面图

❶ 客厅
❷ 厨房
❸ 平台

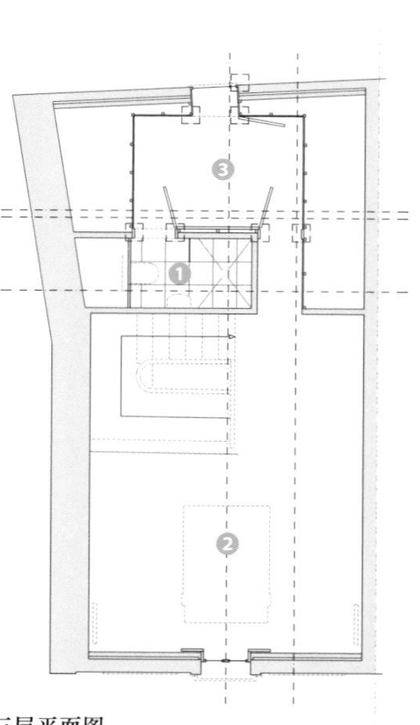

三层平面图

❶ 浴室
❷ 卧室
❸ 更衣室

百年奶酪仓库

这座曾经是奶酪仓库的改造在移除建筑物的核心部分和引入新的植入物之间找到了平衡，从而揭示出旧仓库和新公寓的点点滴滴。

该项目位于闻名于世的荷兰奶酪之都豪达。这座德·普拉德森奶酪仓库经历了一番改造，变成一个有 52 间房间的 LOFT 公寓。由于旧奶酪仓库中各种元素被创造性地重新加以利用（如原来放置奶酪的木槅架等），人们仍然可以领略到这里制作奶酪的百年历史。

德·普拉德森的奶酪仓库现在是荷兰的国家建筑遗产。因此，项目只对内部进行了改造。项目拆除了原通风巷道两侧的楼板和立面，并增加了一块玻璃屋顶，从而形成了一个宽敞的中庭空间，让光线进入到建筑物之中。原通风巷道立面的一部分作为电梯井保留了下来。住户们可以通过两处玻璃电梯穿梭于四个楼层。

在项目改造中，建筑师尽可能多地保留了旧建筑元素，让它们在新的建造过程中重新焕发生机。百年来用于放置奶酪的木槅架，被用作天井中的立面表皮，成为独特的点睛之笔。经过广泛的调查研究，这些槅板经加工处理是可以满足防火要求的。处理之后，槅板上原本的使用痕迹被保留了下来。一些奶酪槅板上刻有具有特殊含义的句子，这些句子来自荷兰一种经典的棋盘游戏，在德·普拉德森的档案中仍然有所记录。有心的居民或来访者一定会惊异于这些小细节中饱含的奶酪制作历史。此外，原来悬挂在架子上用于奶酪发酵成熟的烤盘，也被用作了房间号码牌。

建筑设计：
Mei 建筑事务所
建筑地点：
荷兰，豪达市
建筑面积：
5 000 平方米
完工时间：
2017 年
摄影：
欧斯普·梵·迪温博德，杰洛恩·慕斯

为了承担一百万公斤奶酪的重量，旧奶酪仓库具有两套独立的结构体系。而它们也在改造中被保留了下来。两套结构体系裸露在外，清晰可见，如钢柱、木材和混凝土天花板、木阁楼的梁架等。现存的木地板被用作新混凝土楼板的模架，原来的木质天花板则被保留，给 LOFT 公寓带来一种历史感。

设计师在建筑立面上巧妙安置了凉廊，保留了原建筑独特的小窗，延续了历史的韵律。在室内设计上，平面布局十分灵活多变，所有的公寓户型都有所不同，大小从 60 平方米到 180 平方米不等。户主下单后，建筑师将与其进行一次私人的对话。

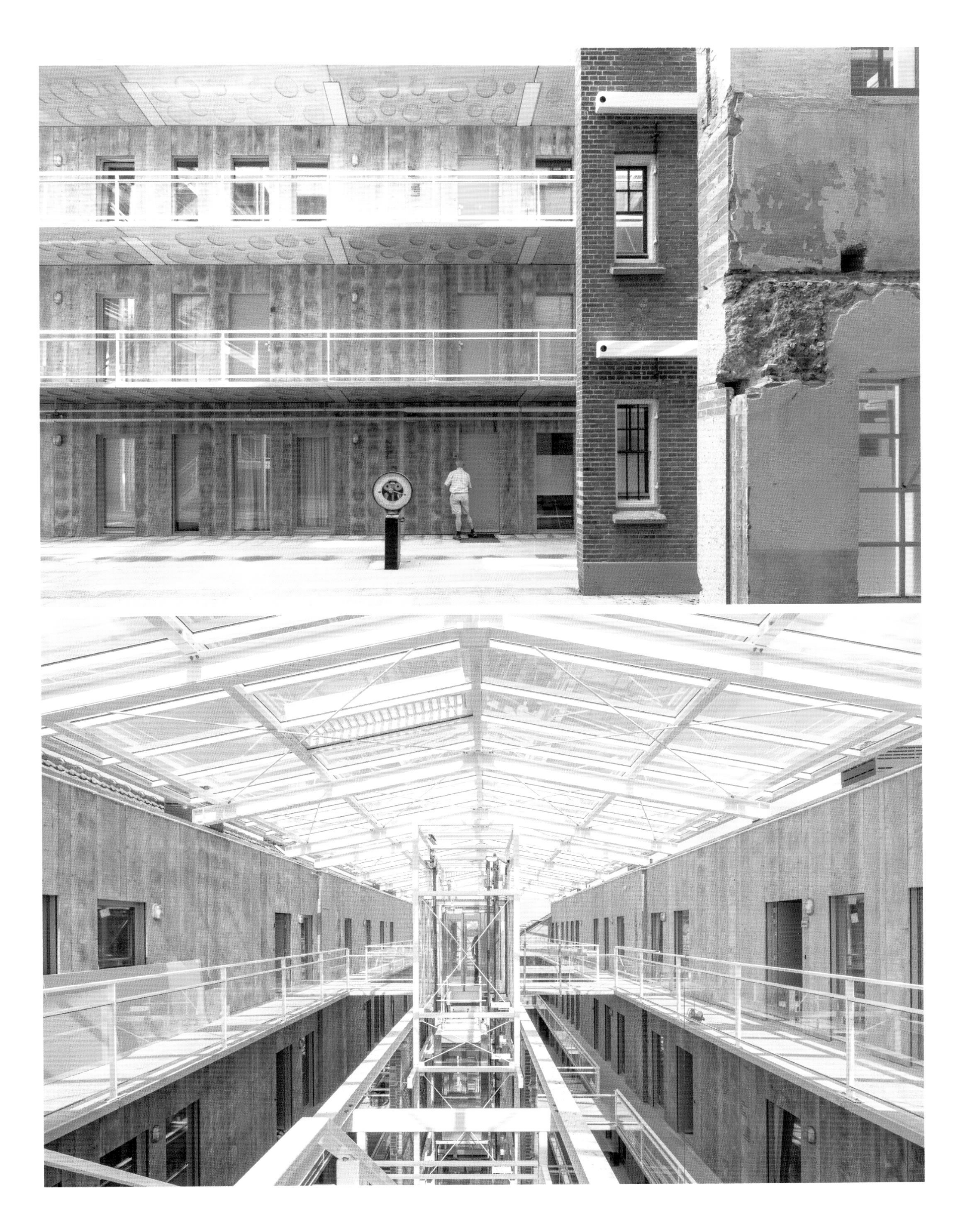

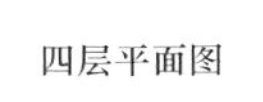

四层平面图

五层平面图

二层平面图

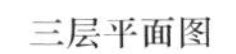

三层平面图

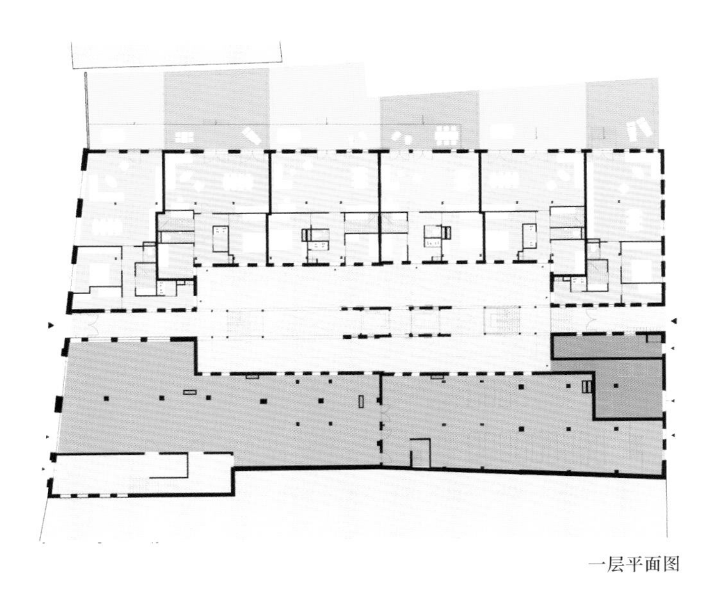

一层平面图

白塔寺胡同院落改造

额外的非法建筑构件被拆除后，六间客房形成了一个新的方形庭院。虽然项目改造工作的重点是放在庭院中，为了给年轻一代提供具有现代生活方式的生活空间，但建筑中的各种材料、物件还是折射出建造过程中的新旧混搭。

如今，越来越多的年轻人选择离开胡同的老房子，在城市的新区域定居。这次城市改造的一个基本目标是让年轻一代重新回到老城区。因此，设计师希望在这个改造项目中，一方面能够尊重老院子现有的空间组织，以保持其原有的空间质量；另一方面，将其转变为更适合年轻一代现代生活方式的生活空间。

这座庭院坐落在一个 Y 形交叉路口，两个立面完全暴露在街道上。院里最初住着八个家庭。由于居民人数多，违建情况比较严重，形成了典型的大杂院建筑群。因此，项目需要拆除庭院中心的违建建筑，以恢复其原始的空间构成。

拆除违建建筑后，六间客房形成了一个新的方形庭院。较低的一楼和屋顶空间提供了新的生活区，同时通过加固建筑物的原有结构，设计师在屋顶打造了一个展览空间。从这可以通过一个新的阁楼楼梯进入到庭院的南侧，这个阁楼是采用旧建筑部分拆除时回收的砖石建造的。现代的玻璃砖嵌入其中，成为过去与现在之间的桥梁，实现了空间记忆的延续。其他再利用的物件还包括七块清代大方石，这些石头是在挖掘过程中从地下 1 米处被发现的。

建筑设计：
B.L.U.E. 建筑事务所
建筑地点：
中国，北京市
建筑面积：
246 平方米
完工时间：
2018 年
摄影：
夏至

过去，老四合院的建筑外观更新和建筑质量的改善都受到过很多的关注，但它们的改造不应该局限于停留在古色古香的静谧之美上。相反，保留那种以前的生活体验才更为重要。人们生活在一个被老树环绕的四合院里，还有机会在现代都市内与一个开放的社区相连接，这才是老北京城胡同文化的一种独特体验。

轴测图

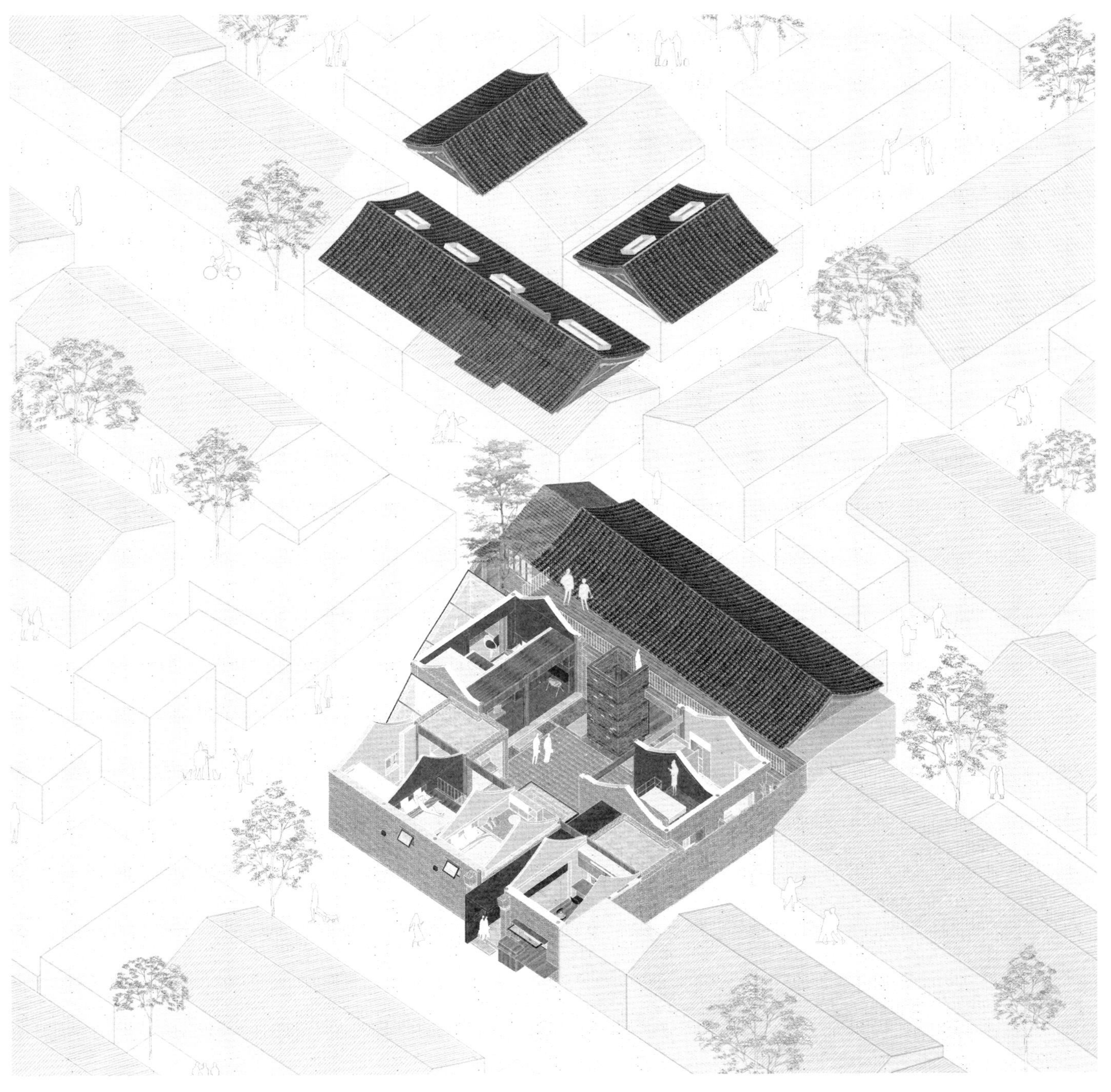

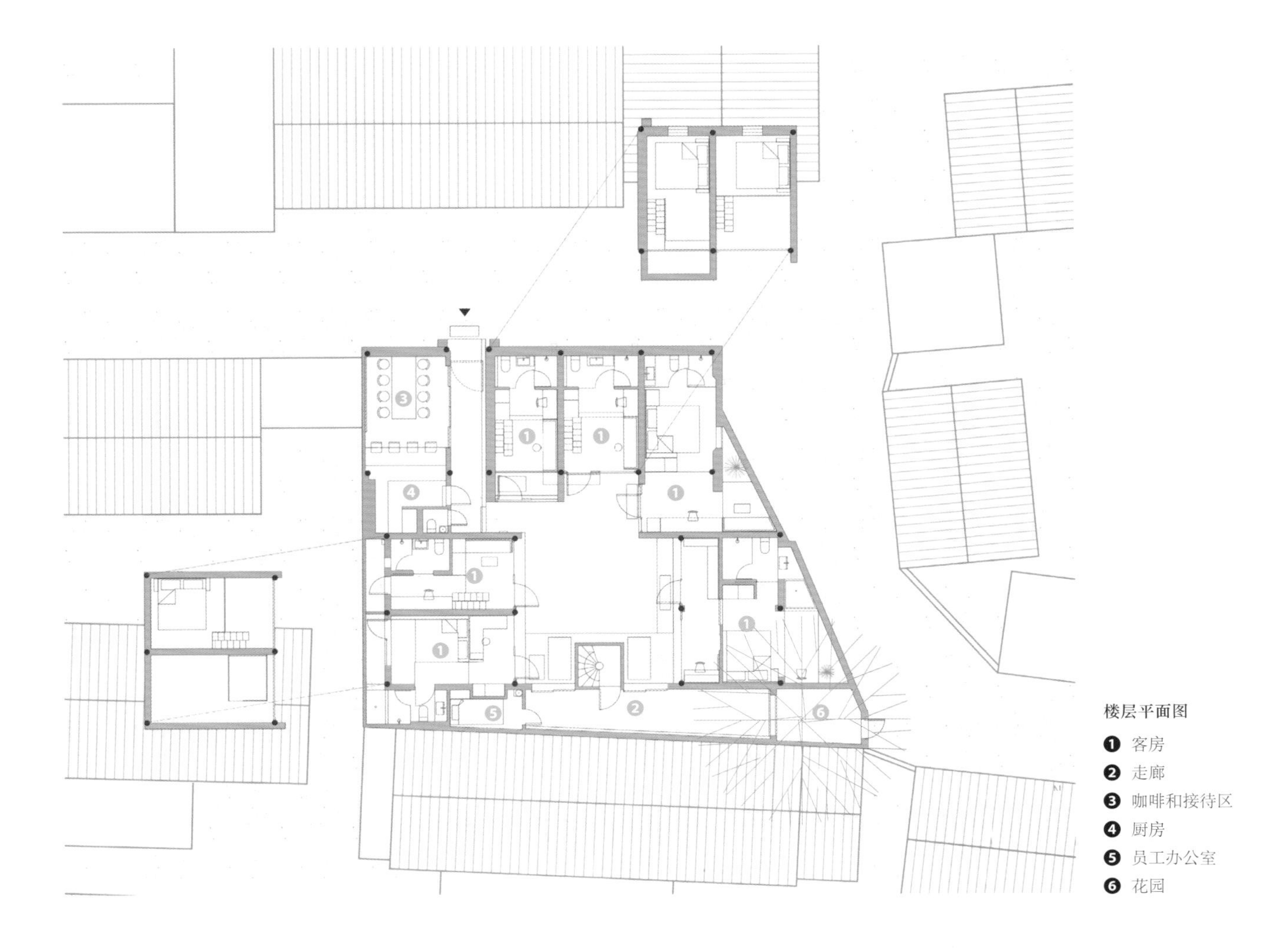

楼层平面图

❶ 客房
❷ 走廊
❸ 咖啡和接待区
❹ 厨房
❺ 员工办公室
❻ 花园

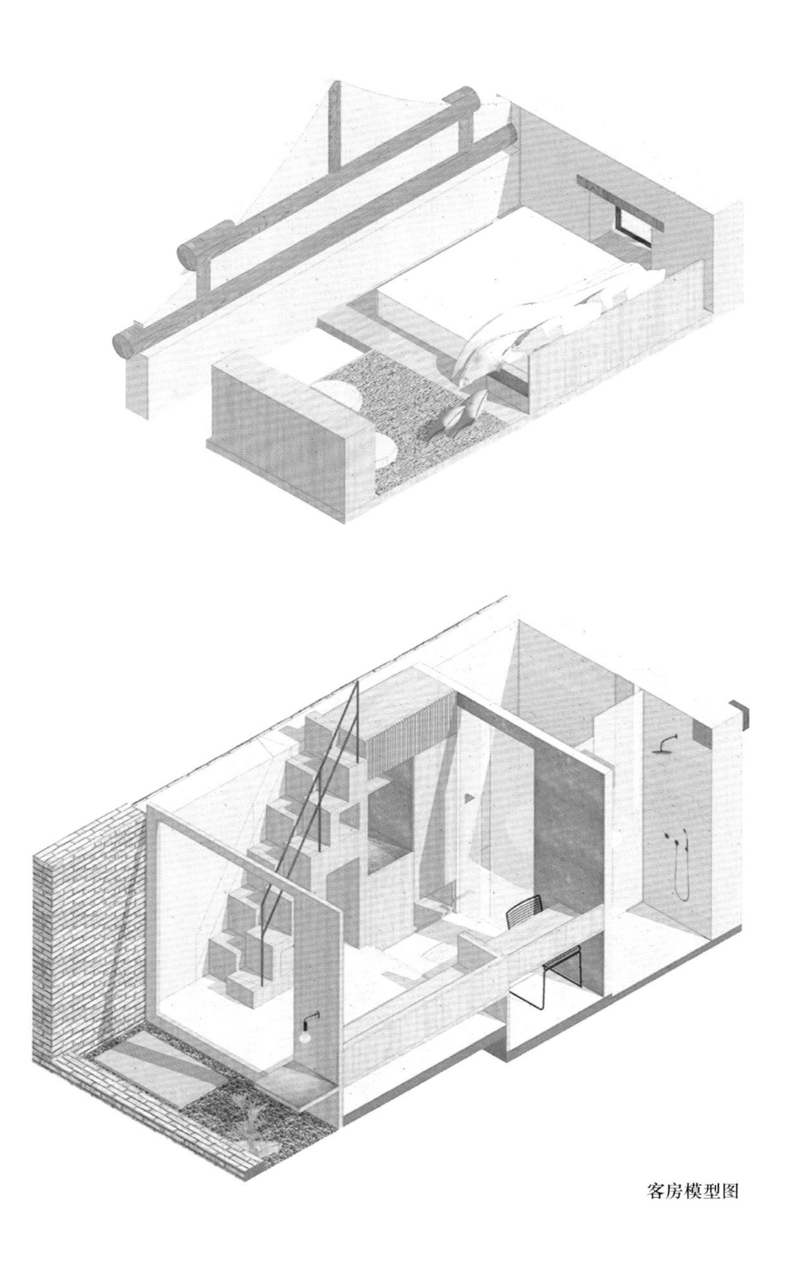

客房模型图

策略 3

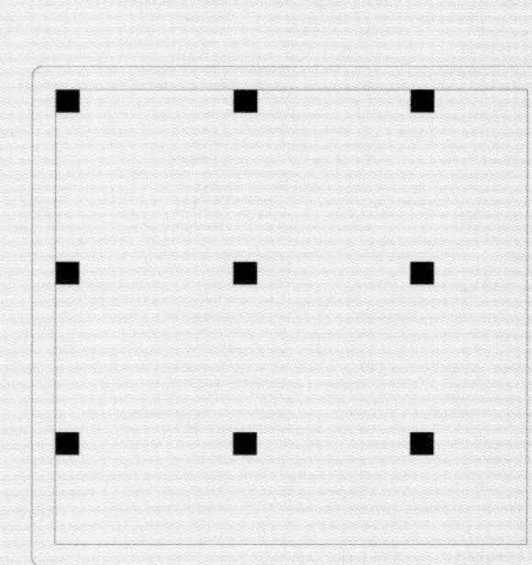

结构改造

现有的结构系统通过新的改造措施得以改进。建筑师用“建筑假体”来代替缺失的结构元素或者作为结构支撑或铸件来加强现有的结构。这种改造策略可能会改变内外立面，但是新结构有助于改善建筑物的现有空间品质。

采用结构改造作为改造措施的关键驱动因素有多种原因。本章案例中，如果不进行结构干预，那么老建筑的结构将无法支持新项目。结构改造的必要性是一种催化剂，为建筑的新旧对话奠定了基调，这种对话在最终形成的建筑语言中会变得愈加清晰。

新结构可以帮助恢复老建筑的用途和体量，也可以赋予老建筑新功能。当外墙被保留下来时，结构改造措施可以加强脆弱的旧结构，以免其坍塌。该策略也可以根据新项目要求进行内部空间配置。

具有创造性的新结构可以释放建筑物的空间潜力，使之满足新项目的要求，如非洲当代艺术博物馆和 M.Y.Lab 木艺实验室上海店项目。这种方式可以将老建筑从废墟中拯救回来，通过增加新的结构或重新修缮现有结构，帮助建筑废墟容纳新的功能空间。

建筑物的失修状态可能会有不同的原因：有的可能是由于长期废弃而渐渐破败，如墨西哥 Ixi'im 餐厅；有的可能是由于创伤事件，如西班牙内战期间遭受爆炸事件的圣玛丽亚拉巴尔卡新镇教堂。

一般来说，建筑结构改造的第一步是拆除部分现有结构以使其变得更加安全，或者像非洲当代艺术博物馆，首先通过“拆减”，然后再通过增建来释放其空间潜力。旧的结构通常也需要一些维护和稳定措施。在墨西哥 Ixi'im 餐厅项目中，建筑师必须用传统技术和当地材料来修复拱门和墙壁，然后才能进行新结构的植入。新结构的植入通常非常复杂，需要对其进行可视化、计算、测定和施工。在具有挑战性的测定和施工工作开始之前，建筑师对非洲当代艺术博物馆和圣玛丽亚拉巴尔卡新镇教堂都仔细分析了原结构的承载能力。

如果是废墟型老建筑，一种方法是增建一个独立且可识别的新结构，以替代原来破败不堪的结构。在墨西哥 Ixi'im 餐厅项目中，建筑师用一个新的钢制框架穿在旧机器房残余的建筑部件之中，仿佛一根支柱支撑着旧建筑。钢制框架缩进旧建筑中，创造出了各种新的空间。它既强调了新与旧之间的距离，也创造了一种新与旧的张力。新的部分在颜色、质地和材料方面与原来的废墟形成了强烈的反差。因此，结构改造策略可以用于挑战原建筑物的封闭空间，以在建筑内部和外部之间产生一组新的关系。

与这种“对立法”相反，另一种方法是填补残余建筑物之间差距的“邻接法”，它类似于医学中的整形手术，可以在新旧部分之间产生连续性。新结构的主要目的是完成对旧部分的保留和支撑。在非洲当代艺术博物馆和圣玛丽亚拉巴尔卡新镇教堂项目中，新和旧的部分融合在一起，共同承载建筑结构和外墙、楼层、楼盖等围护结构。

不同的方法可以对短暂性和永久性产生不同的解读。在墨西哥 Ixi'im 餐厅项目中，我们可以看到新的钢结构及一些新的元素在某种程度上是永久性的，而留在建筑外面的废墟碎片要继续经历风雨的侵蚀，是短暂性的。但是在另一种意义上，由于钢结构与旧结构明显分离，理论上可以将其移除而不会对较旧的碎片部分产生太大的影响，因此我们也可以认为钢结构是短暂性的、临时性的。在其他案例中，如圣玛丽亚拉巴尔卡新镇教堂，建筑师将旧的碎片部分作为外墙的一部分，这让它们比新元素具有更强的永久性。

是揭示和表达旧的结构还是将之隐藏起来，这样的决定是一个重要的考虑因素。如果建筑物的剩余结构是碎片化的，新的结构元素通常会被隐藏起来，以减少视觉上的干扰。

新结构也可以是独立于旧结构的，就像在墨西哥 Ixi'im 餐厅那样，或者也可以形成一个复合结构，使其中旧的部分和新的结构都有助于建筑的承重。在非洲当代艺术博物馆项目中，原来的筒仓太薄，无法支持新中庭的巨大空间，因此必须在其内部浇铸出新的混凝土套管，以形成能够承受复杂结构应力的新型层状结构。M.Y.Lab 木艺实验室上海店则是一种部分隐藏式结构，利用新的梁柱结构与原来的墙相结合，创建出一个对结构干扰最小的大型开放空间。而圣玛丽亚拉巴尔卡新镇教堂、Z22 住宅和 F88 工作室的新旧结构性表皮则是相互融合的。

新结构可用来勾画建筑动线或突出建筑的主通道。许多案例中的这类结构不仅仅是承重结构，还是制造空间和感官功能的结构元素。在墨西哥 Ixi'im 餐厅和瑞士 Z22 住宅和 F88 工作室中，这类结构就用来定义和表达穿过建筑物的运动路线。非洲当代艺术博物馆和 M.Y.Lab 木艺实验室上海店通过结构改造创建出原建筑空间中没有的运动路线和空间连接。对于艺术画廊等空间而言，这是一个特别重要的考虑因素。

结构性框架通常允许存在较大的开口，而承重墙结构通常仅允许有较小的“孔式”开口，除非采用创新技术或材料来产生连续的可透光外立面。在非洲当代艺术博物馆中，混凝土框架上安装了辨识度极高的凸面窗户，而筒仓盖拆除之后也安装了玻璃面板。墨西哥 Ixi'im 餐厅的钢制框架允许设计师在新旧之间的空隙上安装大型玻璃面板，引入自然光。M.Y.Lab 木艺实验室上海店的新结构则安装了大型斜挑式天花板，让自然光可以深入到内部空间之中。另一方面，圣玛丽亚拉巴尔卡新镇教堂在不透明的陶瓷建筑外壳和开孔的内壁砖层创造出了一个明亮的内部空间，无须传统的窗户开口。

结构可以使建筑物在空间划分、界线和运动路线等方面更加清晰，但它也可以使建筑物的时间和物质特性更易于被人理解。在 Z22 住宅和 F88 工作室项目中，天然石墙的旧结构被刻意暴露出来，以揭示其重要性和建造方式。而新的结构（混凝土、石膏和木材）也保持着原始的自然状态，展示着新建部分的材料构成和建造方式。新旧元素在结构、材料和展示各自时代建造方式等方面相互对话，而建筑师也并没有刻意对某个特定时代的元素厚此薄彼。这是一种充满诚意与尊重的对话，新的部分不会屈从于过去，旧的部分也不会过于突出。同样，在非洲当代艺术博物馆项目中，筒仓中的新旧混凝土外壳经过切割后，边缘暴露于外，保持着自然状态。经过打磨后的外立面在颜色、材料和纹理方面变得十分不同，但人们还是可以清晰地解读出这座建筑不同时期的特征。

在本章所选案例中，对于非承重性建筑结构的处理通常参考其他结构原则，例如可以参考过去的结构创新。悬在 M.Y.Lab 木艺实验室上海店接待区上方的传统木制拱桥，或墨西哥 Ixi'im 餐厅天花板上的悬浮式剑麻绳就是这样的例子。它们还可以用来展示与力的传递相关的原理，如圣玛丽亚拉巴尔卡新镇教堂的高迪式吊灯，垂吊于教堂反垂曲线形拱体的下方，与巨大的石墙相对应。

在结构改造这一策略中，无论是对承载能力、空间潜力、特定建造方式的表达，还是关乎永久性或短暂性的建筑美学方面，新旧结构都受到了重视。新旧部分之间的关系通常是平等的。结构改造就是用于在现有结构部分和新改造部分之间产生对话的。在不损害新项目的空间需求的情况下，建筑师需要“拯救”旧建筑，继而推动新结构的引入。正是在这种状态下，建筑师会找到一个改造创意的核心，激发出新旧融合并进的新空间品质。

非洲当代艺术博物馆，由 Heatherwick 建筑事务所设计 © 马克 · 威廉姆斯

墨西哥 Ixi'im 餐厅

项目植入了一个精致的金属框架结构来容纳现代化的餐厅，同时也能轻轻地支撑起旧机器房的墙壁。新改造的部分与现有结构错落有致地排布，使得这种新旧间的联系让顾客能够体验到两者各自不同的时代特征。

Ixi'im 餐厅的前身是一个剑麻农场的机器房。这个农场在 19 世纪下半叶有着辉煌的产出史，但是在 20 世纪下半叶开始没落。此次改造旨在给这个特殊的墨西哥建筑文化遗产赋予新的功能，使其产生新的生命活力。该场地由几个独立的建筑组成，这其中就包括要打造成公共空间的机器房。由于多年的废弃，机器房的废墟上覆盖着一层杂草，面临着倒塌的危险。

改造项目首先采取的行动是建立一个结构损坏的详细记录，并尽量利用原始技术和石料对建筑进行修复，如支撑拱门和墙壁。待建筑进入了安全状态，设计师开始将改造项目和游客要体验的整个建筑群环境联系了起来。

基于农场的原始功能，庄园和周边其他的屋子由一条南北的轴线串连着。改造方案始于在这条轴线上一个旧时的石门洞。建筑师要在这附近建立一个能使人放慢步伐停歇下来的区域。穿过这个门洞，实际上就进入到了废墟的空间里。考虑到这个建筑最初的用途和它工业风的设计元素，介入形式是让一个巨大的金属框架贯穿原有的建筑，并由此融入新的建筑功能。金属框架结构解放了原墙体承重的负担，在新旧结构之间创造了一些间隙，让新旧建筑之间由此有了对话。同时，这也让自然光射入建筑内部，减少了内部的热吸收，也让大型的精品酒收藏柜沐浴在温暖的阳光里。

建筑设计：

Central de Proyectos SCP, Jorge Bolio Arquitectura, Mauricio Gallegos Arquitectos, Lavalle + Peniche Arquitectos 等建筑事务所

建筑地点：

墨西哥，丘丘拉市

建筑面积：

416 平方米

完工时间：

2016 年

摄影：

爱德华多·卡尔沃·圣蒂斯波

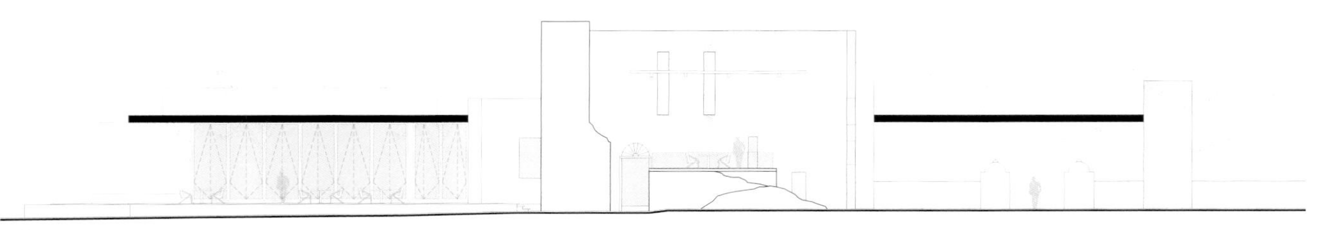

北立面

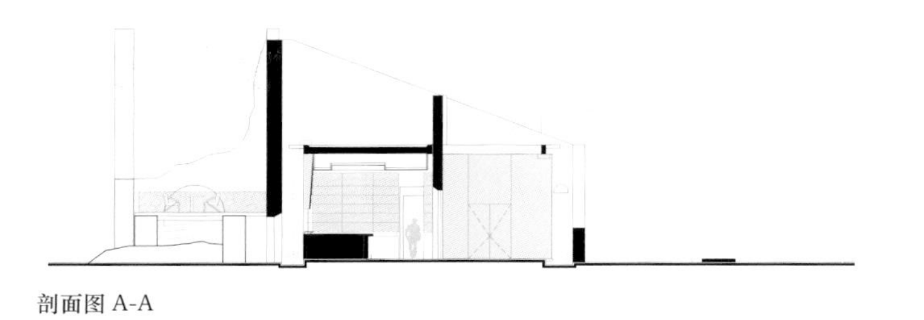

剖面图 A-A

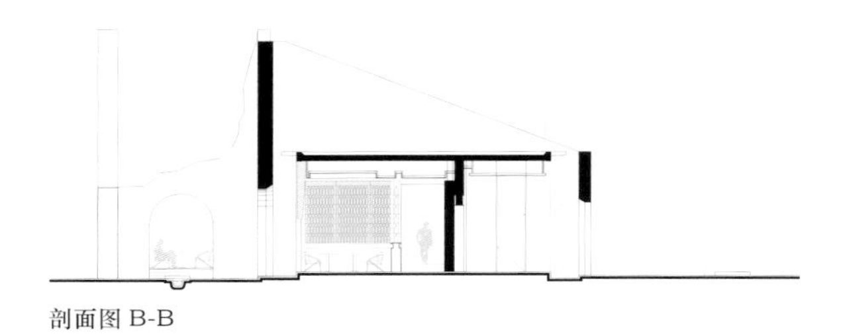

剖面图 B-B

意向图

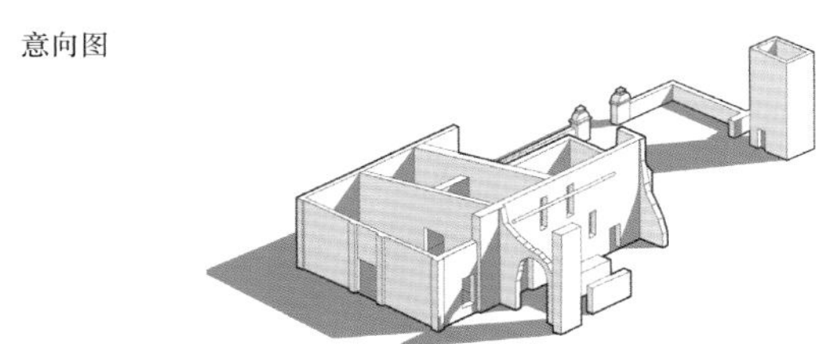

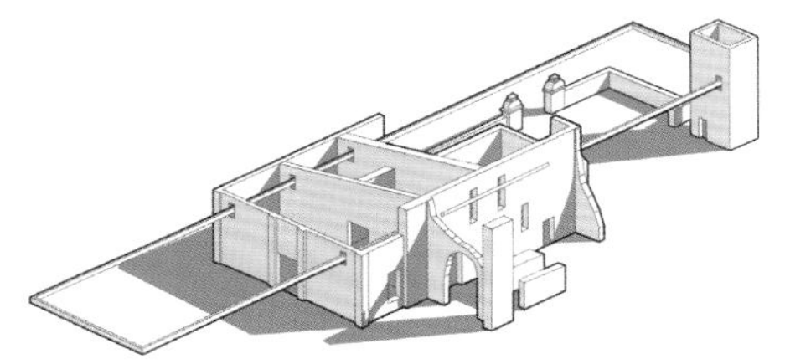

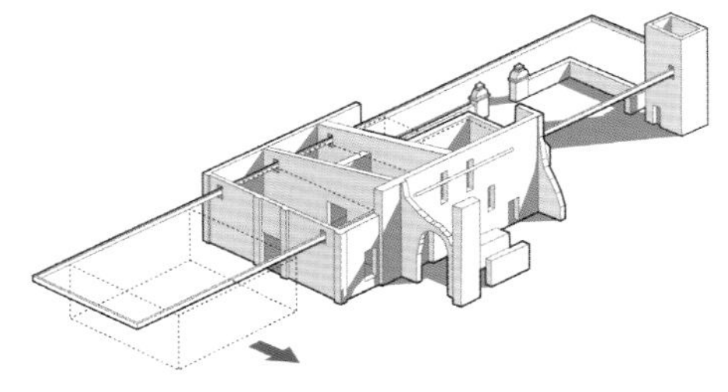

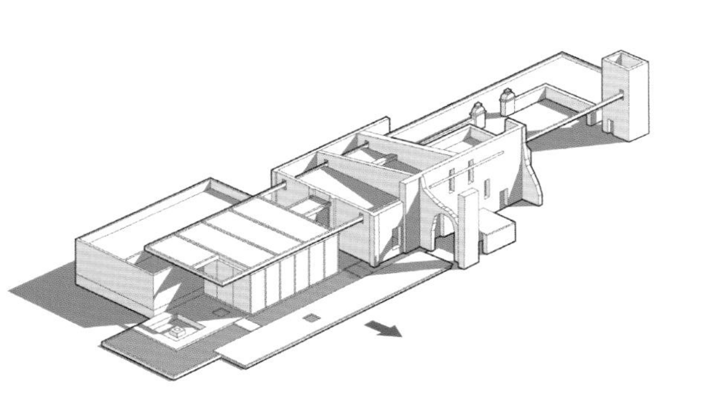

悬吊在屋顶的剑麻绳是由尤卡坦半岛最后一家制绳工厂生产的。除了吸声功能外，它们也暗示着该建筑的原有用途。室内空间的交错排列让到访者仿佛在不同的时代穿梭，并最后进入到后期附加的现代建筑体中。新的现代附属建筑在结构和视觉上与主广场、旧门洞等围成一圈，整合在一起，体现了改造建筑对历史的尊重。

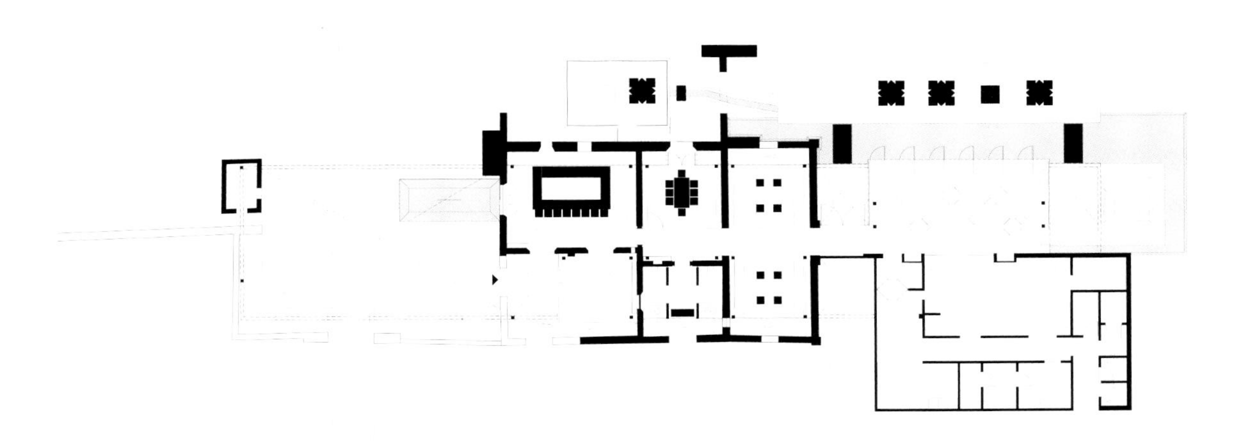

楼层平面图

Z22 住宅和 F88 工作室

建筑师对材料的理解与运用能力促进了这座建筑中新旧部分的融合。旧墙的饰面被移除掉，暴露出原来的材料与工艺，而新的混凝土及木质植入物也保持着原始的状态。新旧部分之间的反差明显，但天然饰面和纹理又将两者完美地结合在了一起。

这是一个多户住宅的重建项目，底层是一个工作室。它位于苏黎世的塞费尔德地区，建于 170 年前。房子处于城市的核心区域，是座历史保护建筑，所以设计师在改建的同时还要做好古迹的保护工作。

改建的过程就是与苏黎世历史对话的过程。历史悠久的巨大石墙是打造现代生活形式的起点。建筑师在狭窄的空间内设计出了新的户型结构，即在“大房子”里构造出了五个小公寓和在以前的工作室中构造出四个家庭工作室。建筑师拆除了原来石墙的石膏层，露出了一直隐藏着的天然石材——作为建筑改造项目中材料、结构和“作品”本身的一种参考。

改造项目仅对室内小部分区域做了调整，没有改变老建筑的整体外观。在狭窄的空间里，建筑师沿着天然石墙开辟了一个自由流动的空间，形成“建筑长廊”式的布局。

设计师使用轻体石膏与原墙体结合，形成墙体岩石般的表面。大部分家具是内置式，由混凝土、原木和石膏制成。木制窗户则直接安装在了带有实木框架的天然石板上。

在工作室的设计上，建筑师将石拱门和混凝土材质自然结合，这是现代空间对历史元素的回应。石质部分只是出现在室内的边缘地带，而这里的构造和光线则将诗意之美填充到了这个空间中。

建筑设计：

Gus Wüstemann 建筑事务所

建筑地点：

瑞士，苏黎世市

建筑面积：

910 平方米

完工时间：

2017 年

摄影：

布鲁诺·赫尔布林

剖面图

这些建筑有着1米宽的天然石墙、混凝土质地的家具以及20厘米厚的实心框架木制窗户。建筑与历史的对话参考了当时的“工作”过程——这栋建筑是如何建造的？是由谁建造的？ 当时的石块又是如何堆叠在一起的？今天的城市大都是由钢筋混凝土构成的。所以，这是一次关于新旧工艺的对话。所有的元素都呈现着原始的状态，要么是保留下来的原有部分，要么就是不加修饰的重建部分。

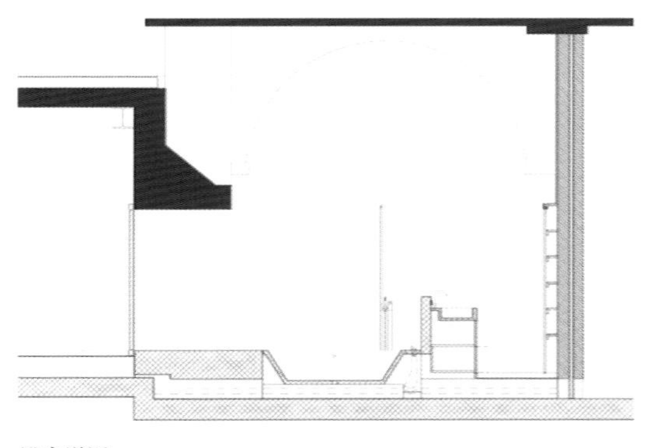
浴室详图

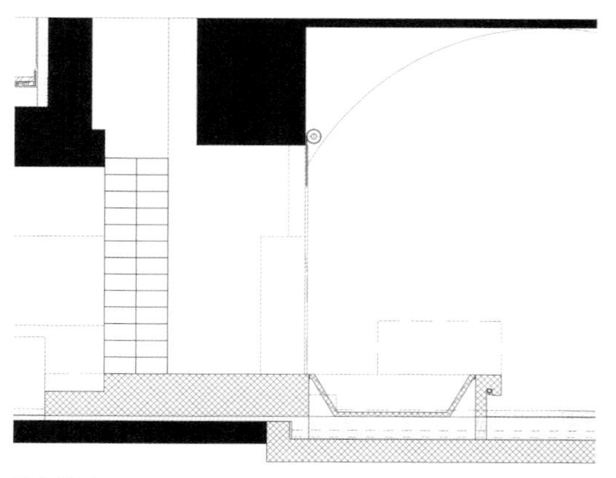

浴室详图

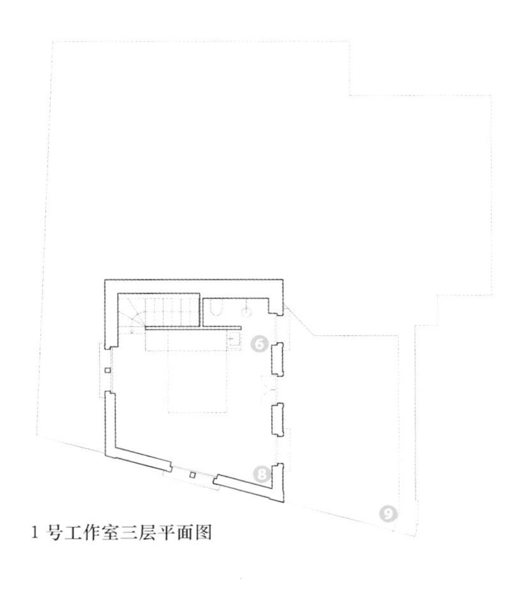

1 号工作室三层平面图

2 号工作室

1. 客厅
2. 厨房
3. 浴室
4. 花园
5. 卧室
6. 卫生间
7. 露台

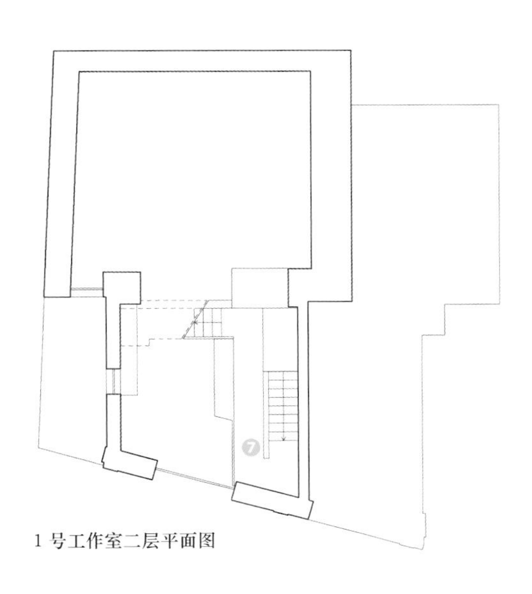

1 号工作室二层平面图

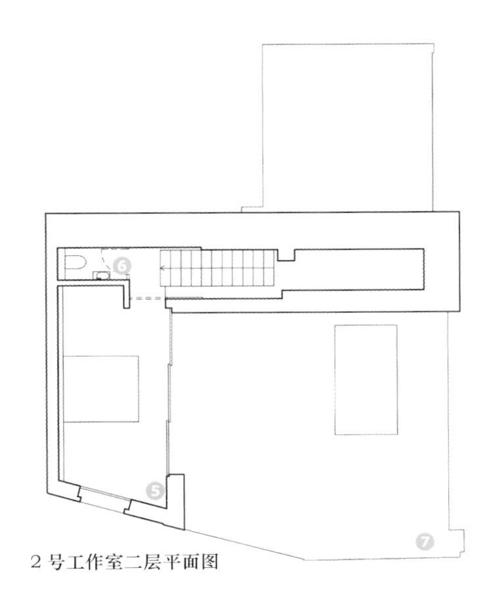

2 号工作室二层平面图

1 号工作室

1. 客厅
2. 衣柜
3. 床位
4. 卫生间
5. 厨房
6. 浴室
7. 走廊
8. 卧室
9. 露台

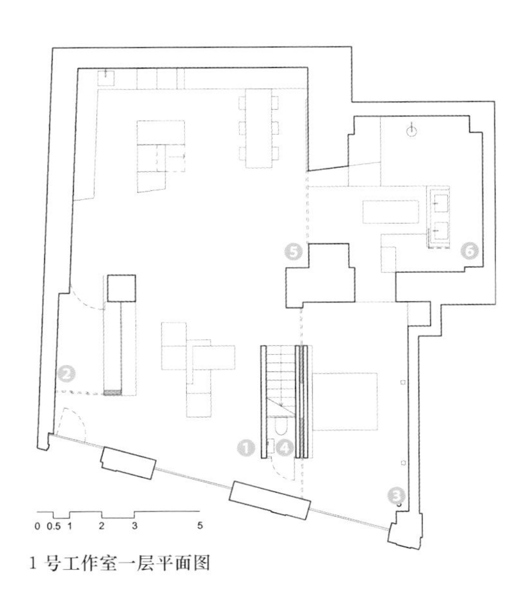

1 号工作室一层平面图

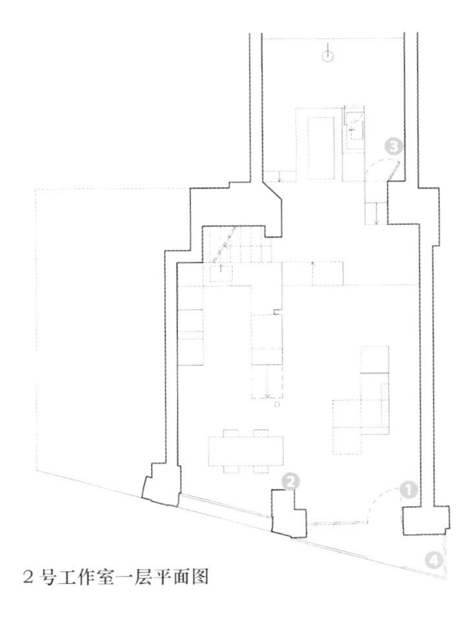

2 号工作室一层平面图

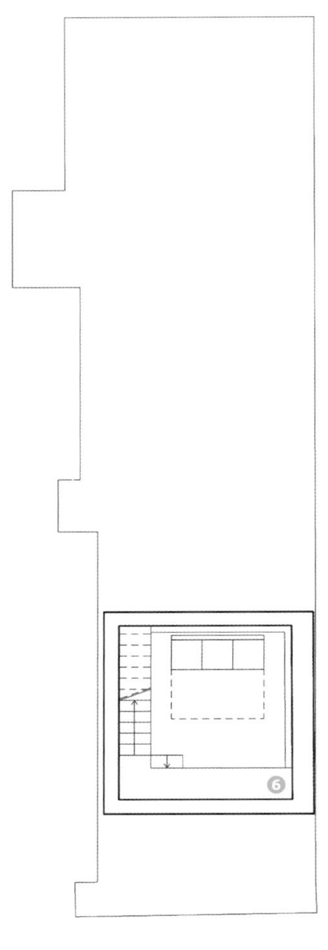

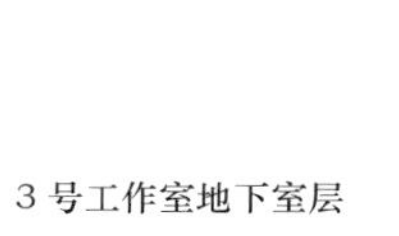

3 号工作室地下室层

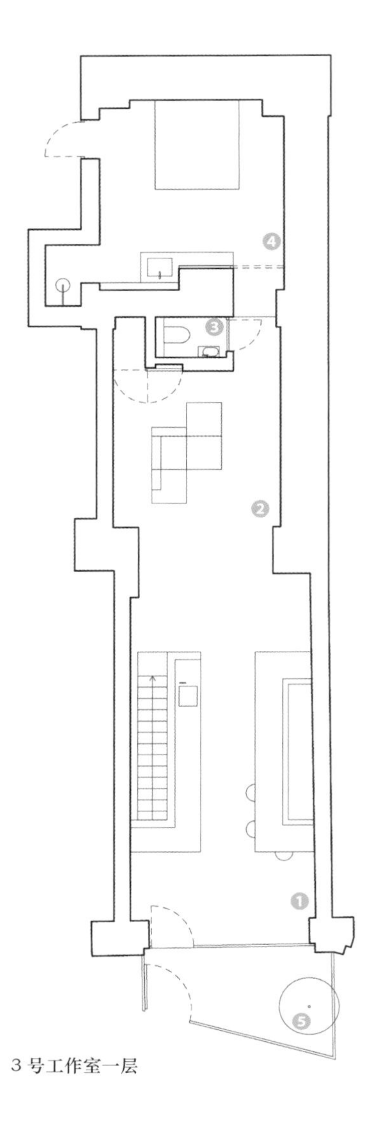

3 号工作室一层

3 号工作室

1. 厨房
2. 客厅
3. 浴室
4. 卧室
5. 衣柜
6. 电视房

0 0.5 1 2 3 5

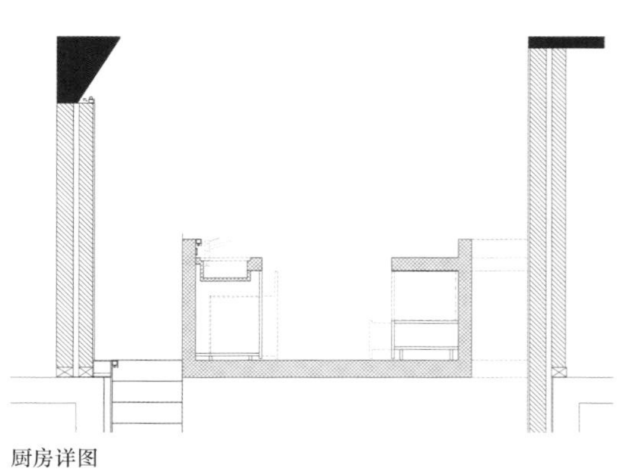

厨房详图

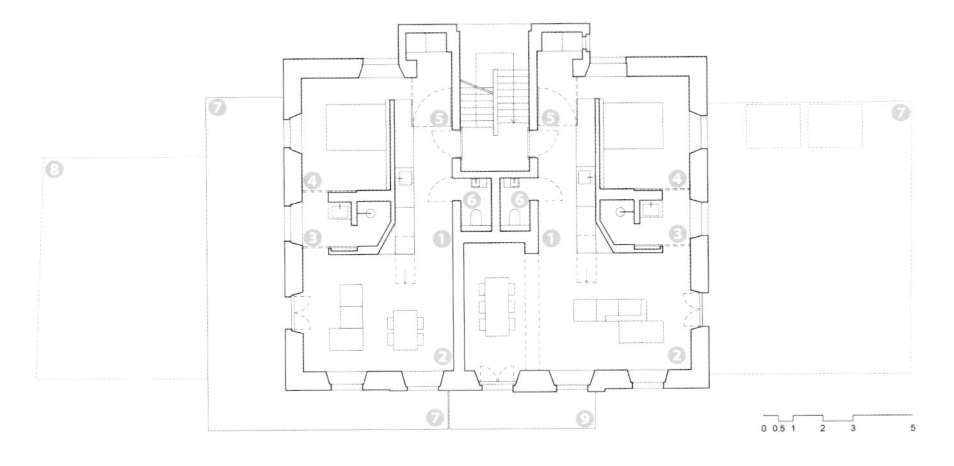

五号公寓和六号公寓（一层）

❶ 厨房
❷ 客厅
❸ 浴室
❹ 卧室
❺ 衣柜
❻ 卫生间
❼ 露台
❽ 花园
❾ 阳台

非洲当代艺术博物馆

对于这些筒仓的结构改造使这座非洲曾经最高的建筑焕然一新。如今，它已经成了全球公认的标志性建筑。这其中的部分原因在于这座建筑外部的工业美学和泡沫般的凸面玻璃窗，而另外一个原因则是建筑师通过对建筑内部进行挖掘创造出了引人入胜的、洞穴般的中庭空间。

自 20 世纪 20 年代以来，这座开普敦海滨著名的粮食筒仓一直分级储存着来自南非各地的玉米。20 世纪 90 年代停用后，其所有者维多利亚阿尔弗雷德码头广场希望找到适应这个筒仓及其周边场地的改造方式。虽然码头广场已经是一个充满活力的地区，但它还缺乏一个重要的文化设施。与此同时，蔡茨基金会（ the Zeitz Foundation ）正在寻找一个合适的地方，用于收藏非洲及其侨民的当代艺术作品。这两个项目团队一拍即合，决定将这座粮食筒仓改造成一座当代艺术博物馆。

这座形态看似单一的混凝土建筑由两个部分组成：一栋楼层分明的塔楼和 42 个蜂窝状的高大筒仓。项目主要面临的挑战是将这些紧密结合的混凝土管状空间变成适合展示艺术的空间，同时还要保留建筑既有的工业痕迹。建筑师创造性地提出了一种设计理念，即在建筑中“雕刻”出一个形似拱顶教堂的中庭，作为博物馆的核心部分。中庭在建筑的中央开出一个个洞口，为环布于中庭的各层展览区域提供路径。

切割筒仓管状结构在技术上具有一定的挑战性。切口以单粒玉米的形状为模型并按比例放大，建筑师在 27 米高的体量中挖凿出了一系列的圆形洞口，然后又转换出数千个坐标（每个坐标在筒仓的管内定义一个点），再用钉子将这些点绘制出来，然后挂上仅 170 毫米厚的脆性混凝土套管作为钢筋混凝土筒仓的内衬。

首席设计建筑事务所：
Heatherwick 建筑事务所
执行建筑事务所：
VDMMA 建筑事务所（开普敦）
酒店内装设计：
Rick Brown Associates Architects 建筑事务所（开普敦）
博物馆内装设计：
Jacobs Parker 建筑与室内设计事务所（开普敦）
建筑地点：
南非，开普敦市
建筑面积：
9476 平方米
完工时间：
2017 年
摄影：
马克·威廉姆斯

北立面

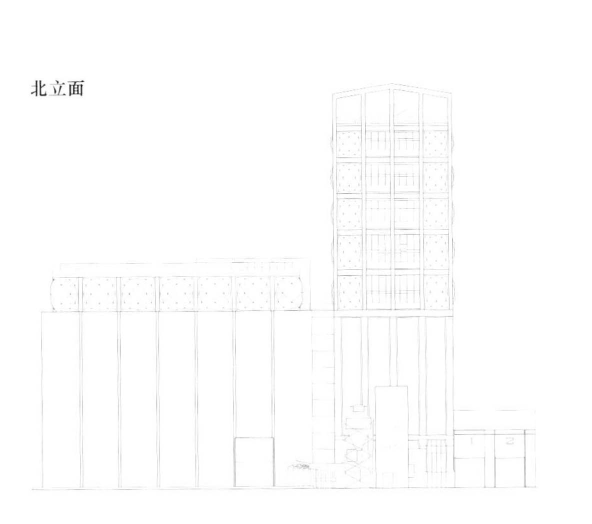

新的混凝土套管形成了 420 毫米厚的稳定复合结构，并为旧筒仓的切割提供了依据。建筑师对既有的管道进行了修剪，使 4600 立方米的中庭呈现出弯曲的几何形态。切割部分的边缘经过抛光处理成了光洁的饰面，与建筑物粗糙的混凝土形成鲜明的对比。

每个经过切割的管状筒仓顶部都装配了直径 6 米的夹层玻璃板，从而为中庭带来自然光照。这种玻璃板上的釉料是基于非洲已故艺术家 El Loko 的作品 Cosmic Alphabet 而特别制作的。

除了减少日光中的热量外，玻璃窗还为下面的雕塑花园营造出了一个安全的步行空间。其余的内部管道则被移除掉了，为 80 个展廊腾出空间。这里总共规划出了 6000 平方米的展览空间，而位于地下的筒仓也被改造成了艺术家们使用的创作场地。

塔楼在综合体中的比例决定了它不太能够适用于展览。设计团队将塔楼打造成了一座明亮的灯塔。以威尼斯灯饰凸出的图案为参考，博物馆的玻璃也形成了类似的凸起效果。玻璃的切割面被打造成精致的凸面，玻璃和钢条共同增强了框架的稳定性，形成一个透明的壳体。玻璃窗如万花筒般的图案和色彩变换带来了不规则的闪耀图案，使建筑在夜间成为一盏点亮码头与城市的明灯。

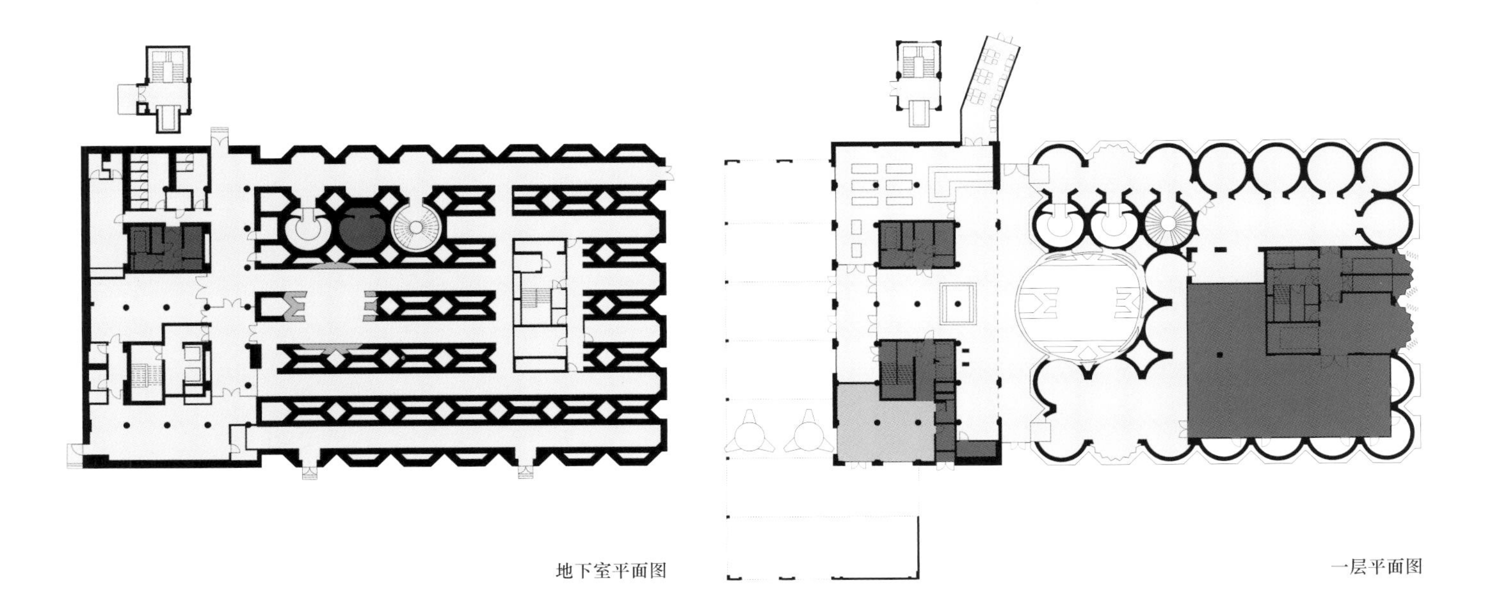

地下室平面图

一层平面图

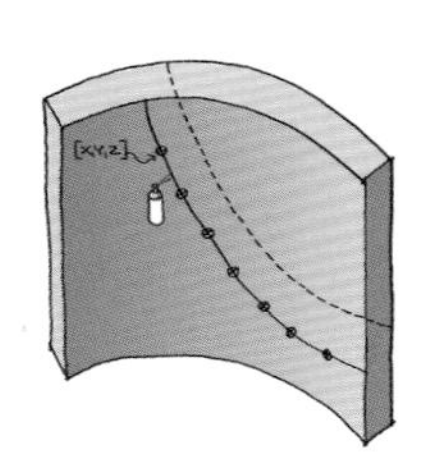

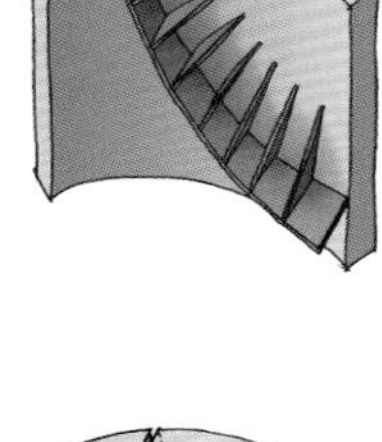

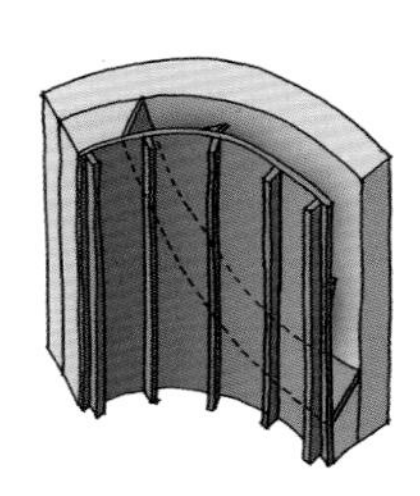

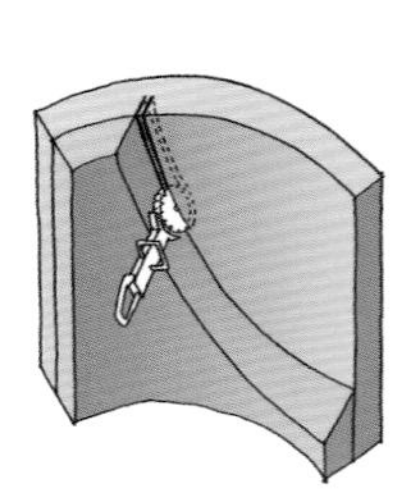

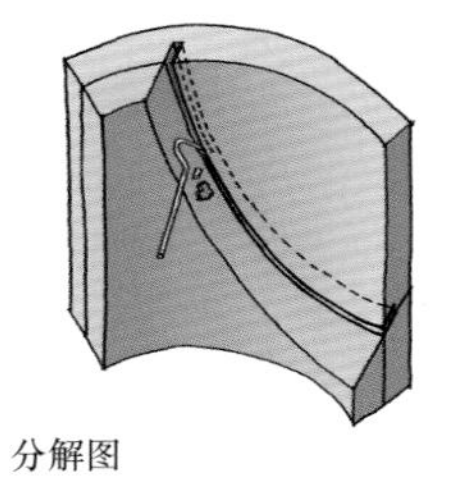

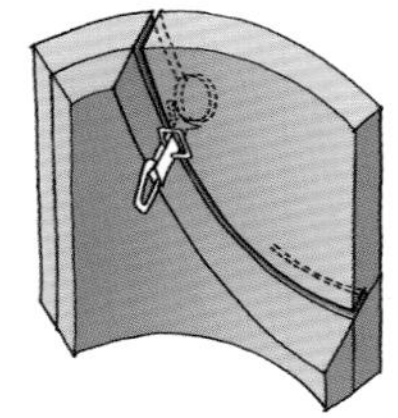

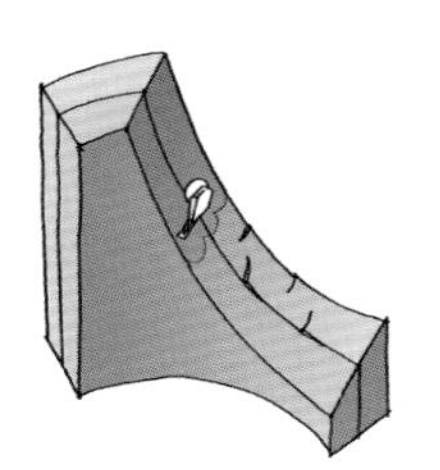

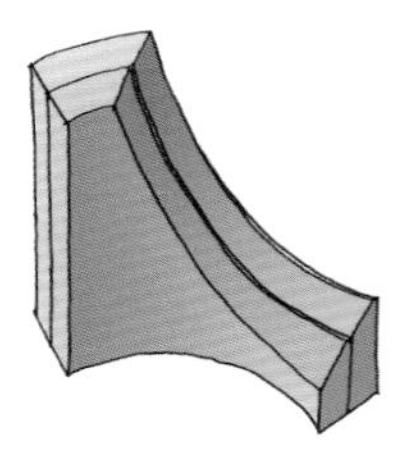

分解图

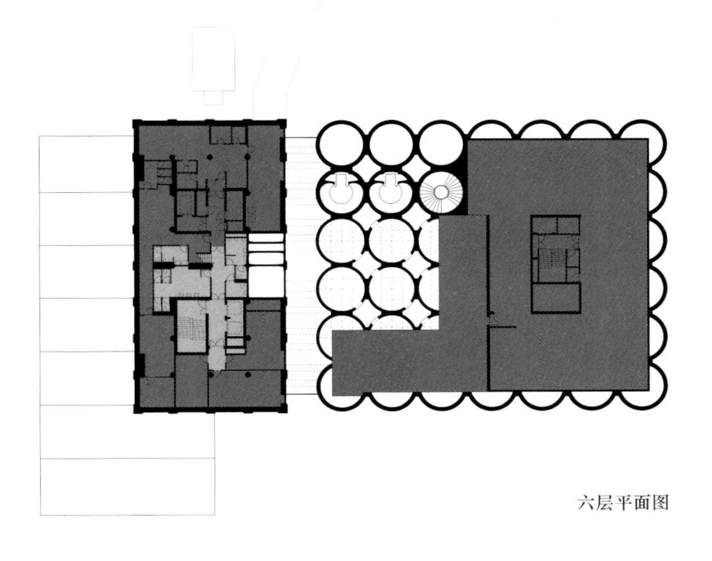

六层平面图

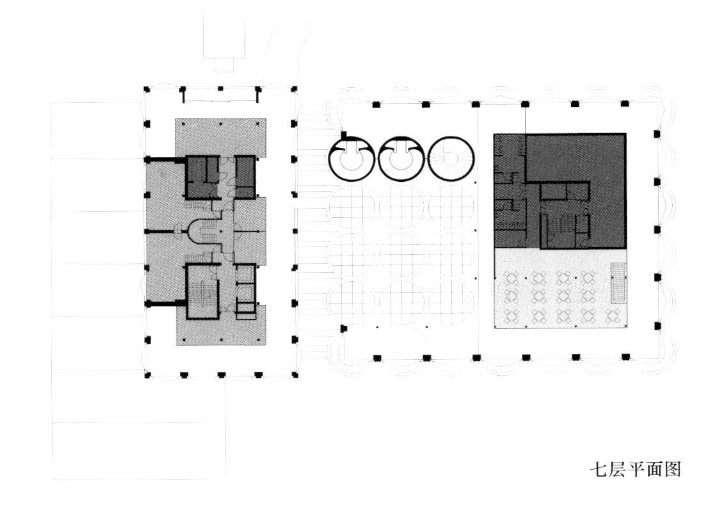

七层平面图

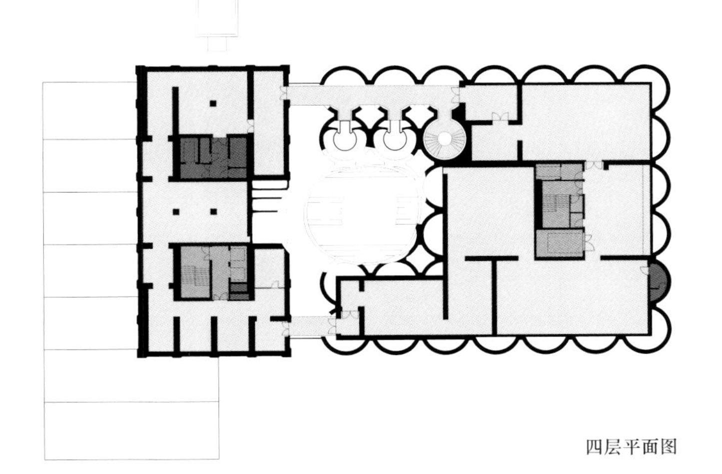

四层平面图

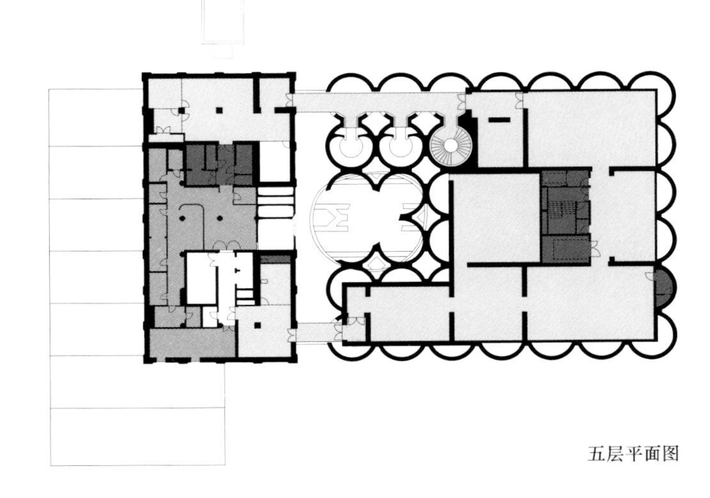

五层平面图

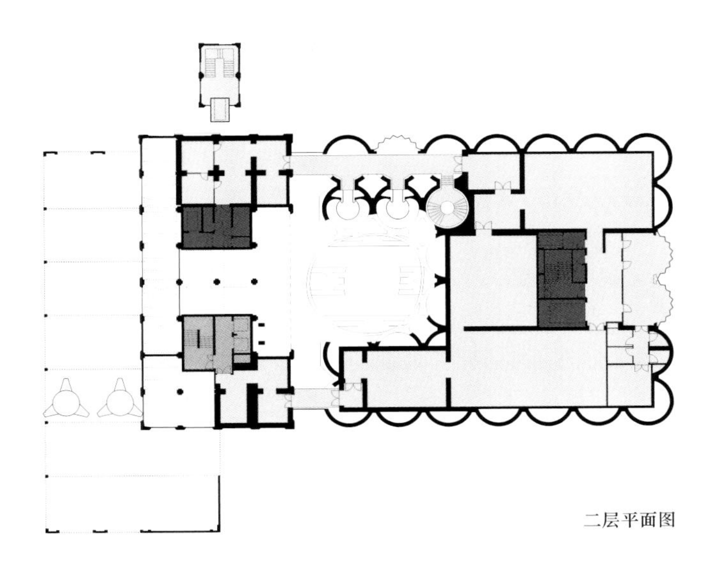

二层平面图

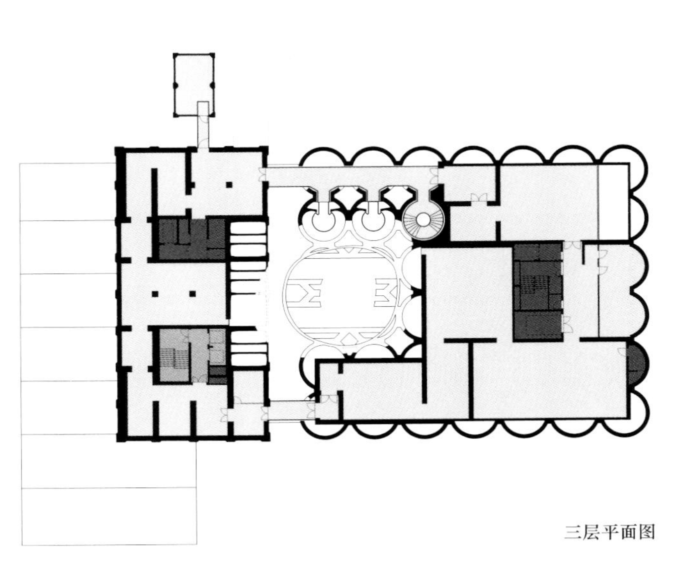

三层平面图

M.Y.Lab 木艺实验室上海店

建筑师在厂房空间里植入了一个“考古现场”的结构，将主要的木艺操作空间做了下沉处理，使访客可以俯瞰这个“考古现场”中的木艺制作过程。一个倾斜的黑色大金属网顶面，使阳光从外面照射了进来。混合式承重系统用于承载大型开放式工作空间的楼层，形成通透的空间。

M.Y.Lab 木艺实验室上海店位于上海市长宁区，原东风沙发厂厂房一层，单层面积 300 平方米，边上有新增的 150 平方米单层附房，附房和界墙之间形成很小的三角形场地。业主希望能把原有 300 平方米的单层厂房隔成两层，作为木作培训的体验性商业空间使用。

建筑师在这个 5 米高的厂房空间里，植入了一个“考古挖掘现场”。设计将主要的木艺操作空间做下沉处理，隐藏在入口的墙内，并用纯净的水磨石矮墙围合，创造出隐蔽的神秘空间。“考古现场”上部为巨大的倾斜金属网顶面，两层高的日光从地铁高架线一侧洒向这个充满仪式感的空间。在由一个依附于入口墙内的直跑楼梯到达的二层的连廊里，人们可以靠着栏杆，如同在考古挖掘工地现场的跑马廊上一样，俯视整个操作展示区，也可以在廊道内靠窗的木工桌边操作、阅读和聊天。

结合主体空间的斜向金属网吊顶，设计师在二楼的相应教室中设置了台阶式的台地。这些台地利用了斜屋顶上方的三角空间，争取了更多的教室面积。此外，通向二楼的路还引入了两个黑色的金属“盒子”构造。一个是从一层上二层的旋转楼梯，楼梯的顶部做法呼应了主体空间的斜吊顶。另一个是附房中连接户内外的水吧区，它一半在室内，构成了附房区域的形式主题；另一半在户外，设计师在黑盒子与院落间的门内设置了一个天窗，窗下为一单人座凳，学员们可以在此休息。

建筑设计：
久舍营造
建筑地点：
中国，上海市
建筑面积：
450 平方米
完工时间：
2017 年
摄影：
SHIROMIO 工作室

2

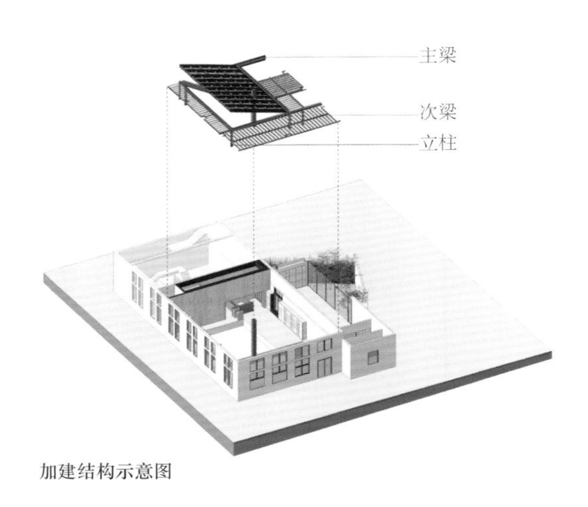

加建结构示意图

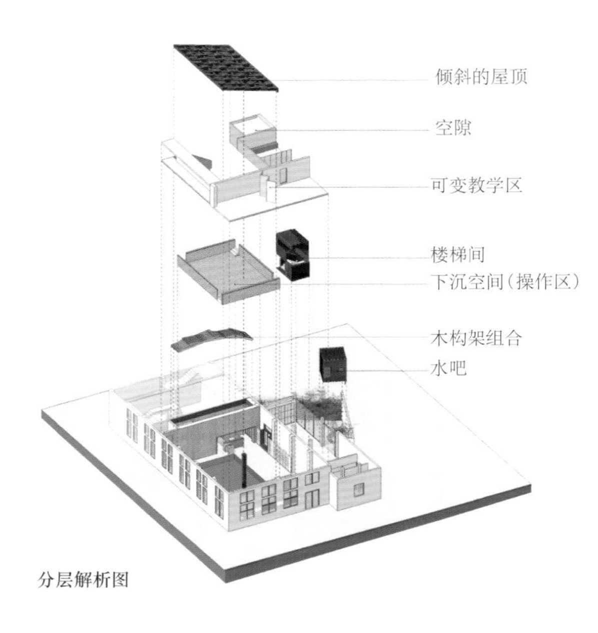

分层解析图

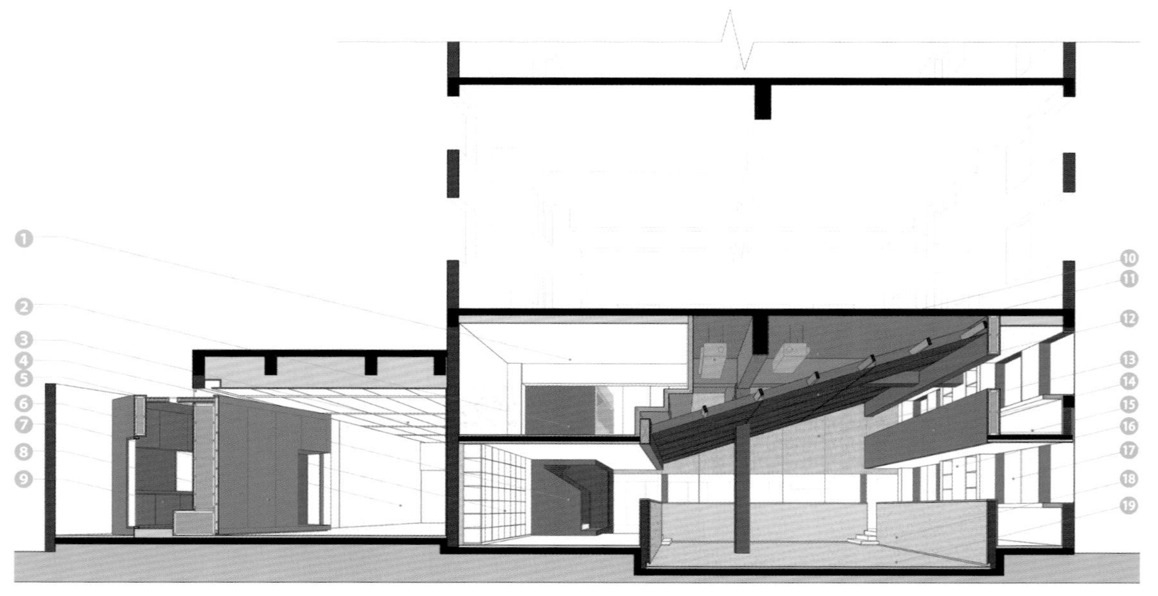

剖透图

1. 白色乳胶漆
2. 阶梯教室
3. 穿孔石膏板
4. 天窗
5. 楼梯间
6. 会员储藏柜
7. 常规操作区
8. 镀锌铁板
9. 水吧区
10. 空调
11. 深色乳胶漆
12. 黑色金属网面
13. 实木饰面
14. 黑钢
15. 临窗阅读区
16. 白色免漆板
17. 钢化玻璃
18. 水磨石墙面
19. 水磨石地面

为了强化二层的漂浮感，设计中新增夹层的结构如何承重就显得尤其重要。整个一圈二层只有五根立柱落地，且其中的两根被藏在了隔墙内部，内圈的主梁由立柱抬起，密肋次梁从主梁伸向原有建筑的立面墙体，并以加固的方式与墙体连接。原有外墙与五根立柱共同完成二层的受力，整个空间，特别是沿主体操作区的一周是非常通透的。

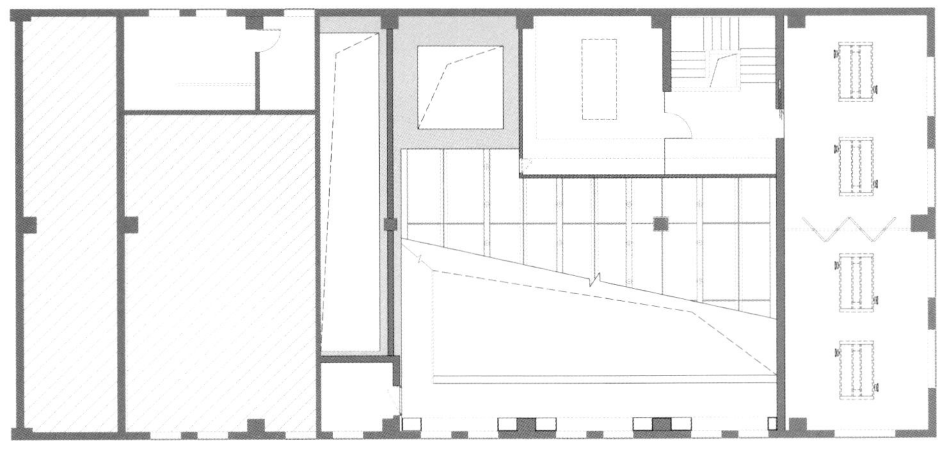

二层平面图

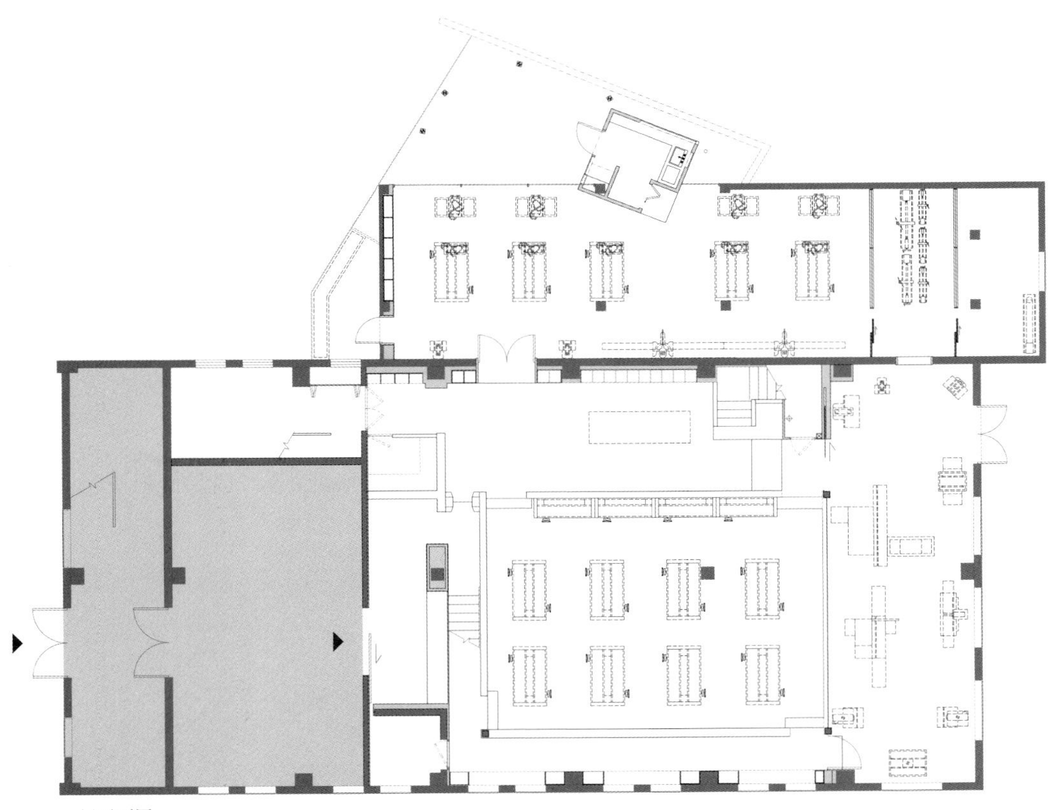

一层平面图

❶ 天窗
❷ 吊柜
❸ 雨水管
❹ 吧台
❺ 休息凳
❻ 底柜
❼ 斜顶
❽ 楼梯
❾ 展示区
❿ 储藏室

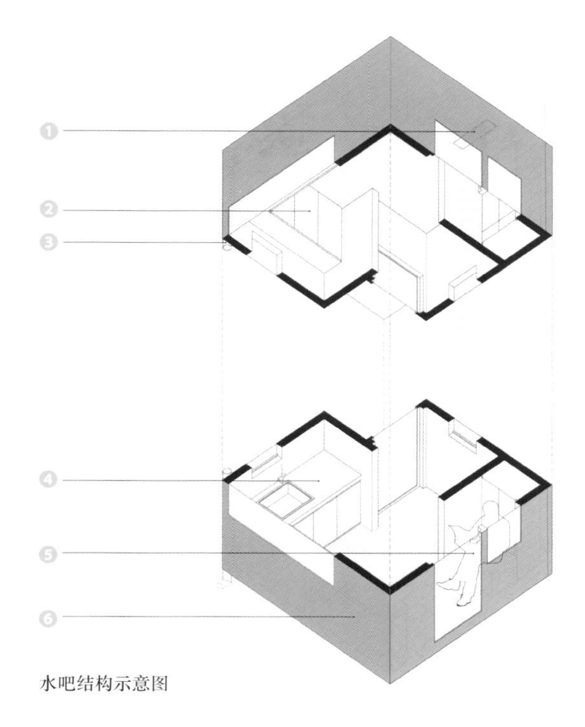

水吧结构示意图

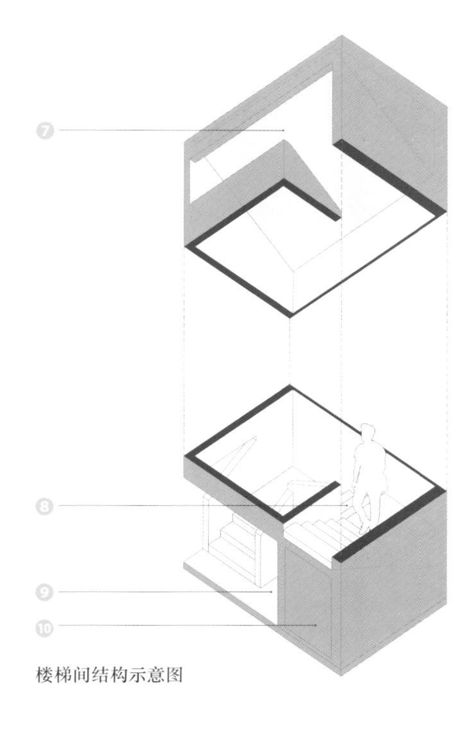

楼梯间结构示意图

圣玛丽亚拉巴尔卡新镇教堂

随着时间流逝而被废弃的这座旧教堂通过引入一个新的砖制外壳焕发出了生机。这个外壳反映了石头教堂的纹理，同时也与建筑内部形成了反差，清晰地表达了新旧部分之间的对话。

这是一座 13 世纪的哥特式教堂，因 1936 年西班牙内战期间的爆炸事件而被部分摧毁。从那以后，教堂就一直处于一片废墟之中，只有它的壁龛、一些中殿和西立面的碎片还留在那里，此次翻修工程旨在恢复这座古老建筑的原貌，同时将其改成一个新的多功能厅，让新与旧、过去与现在产生对话。

原来的教堂是个长方形基督教堂，有两个中殿、一个长老会堂和一个侧堂。该建筑长 22 米，宽 7 米，内部空间高达 10 米。残留的建筑有两个令人印象深刻的侧扶壁（可能是罗马风格的），还有一个 17 世纪晚期哥特式风格的肋架拱顶。整座教堂都是用石砾砌成的，大部分都遭到了自然的侵蚀。此外，它还受到了在原墓地附近建造的附属独栋住宅的严重影响。

该项目主要侧重教堂的立面和屋顶的修复。新的修复方案将立面改造成了网格状砖墙和阿拉伯式瓦片屋顶。整个设计被设想为一个“陶瓷外壳”轻轻地盖在古老墙壁的遗骸上。

外立面再现了古老教堂石臼的不规则纹理，与原始建筑纹理的融合，提供了视觉上的连续性。而内立面采用了白色多孔砖设计，以加强新旧部分之间的对比度和不连续性。从外部看，旧教堂的历史感得以恢复，而从内部看，建筑则保留了宗教空间特有的肃穆氛围。

建筑设计：
AleaOlea 建筑景观设计事务所
建筑地点：
西班牙，莱达市
建筑面积：
300 平方米
完工时间：
2016 年
摄影：
安德里亚·古拉

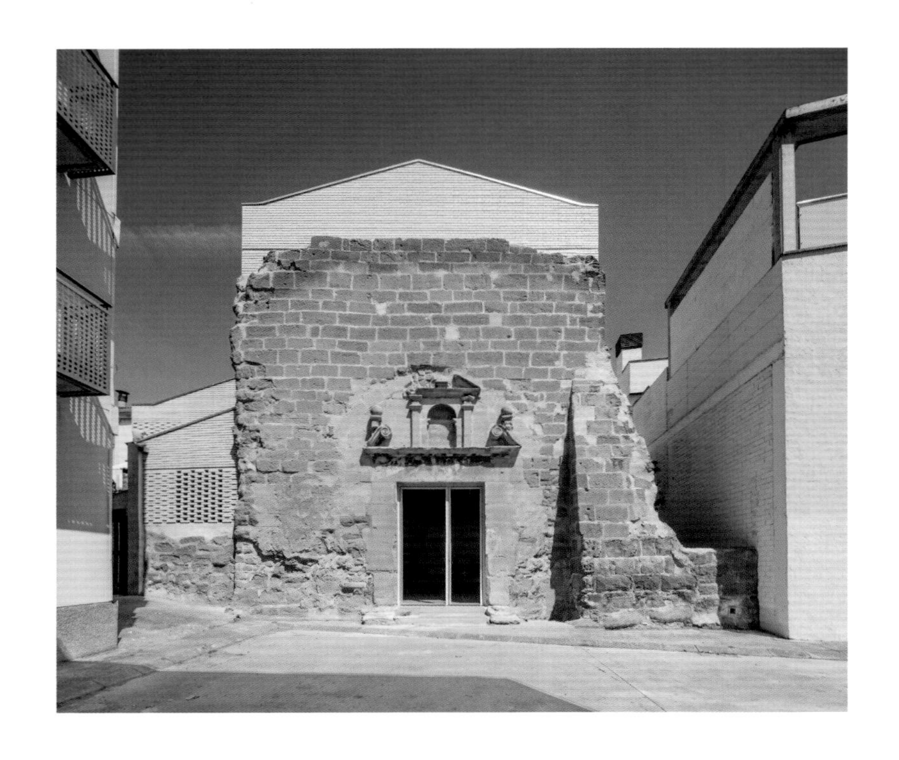

该项目通过改造位于教堂和附属单户住宅墓地区域，为建筑物提供了一个崭新的入口。该入口取代了那个教堂拆除后加建的后门，并使入口区域形成了一个新的入口庭院，使这块多年来令人压抑的墓地空间得到利用。藤蔓架、树木、草坪和潺潺的流水构建了一个崭新的入口场景。

立面图

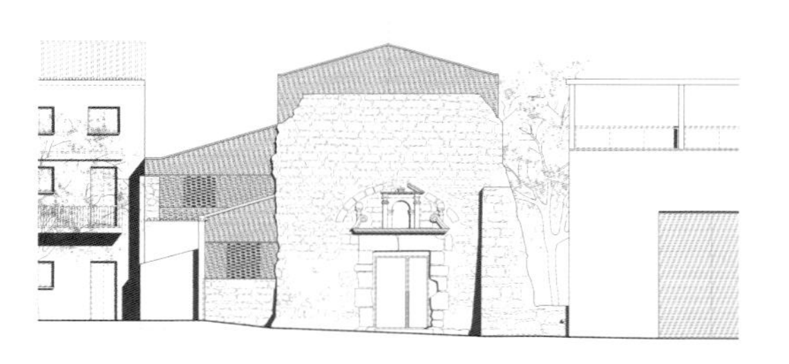

横剖面图

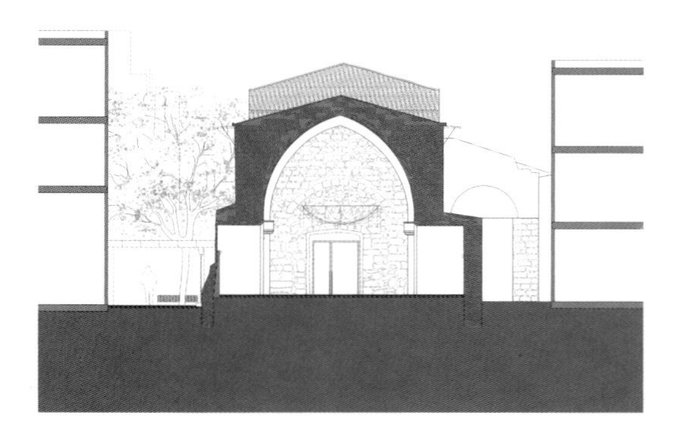

楼层平面图

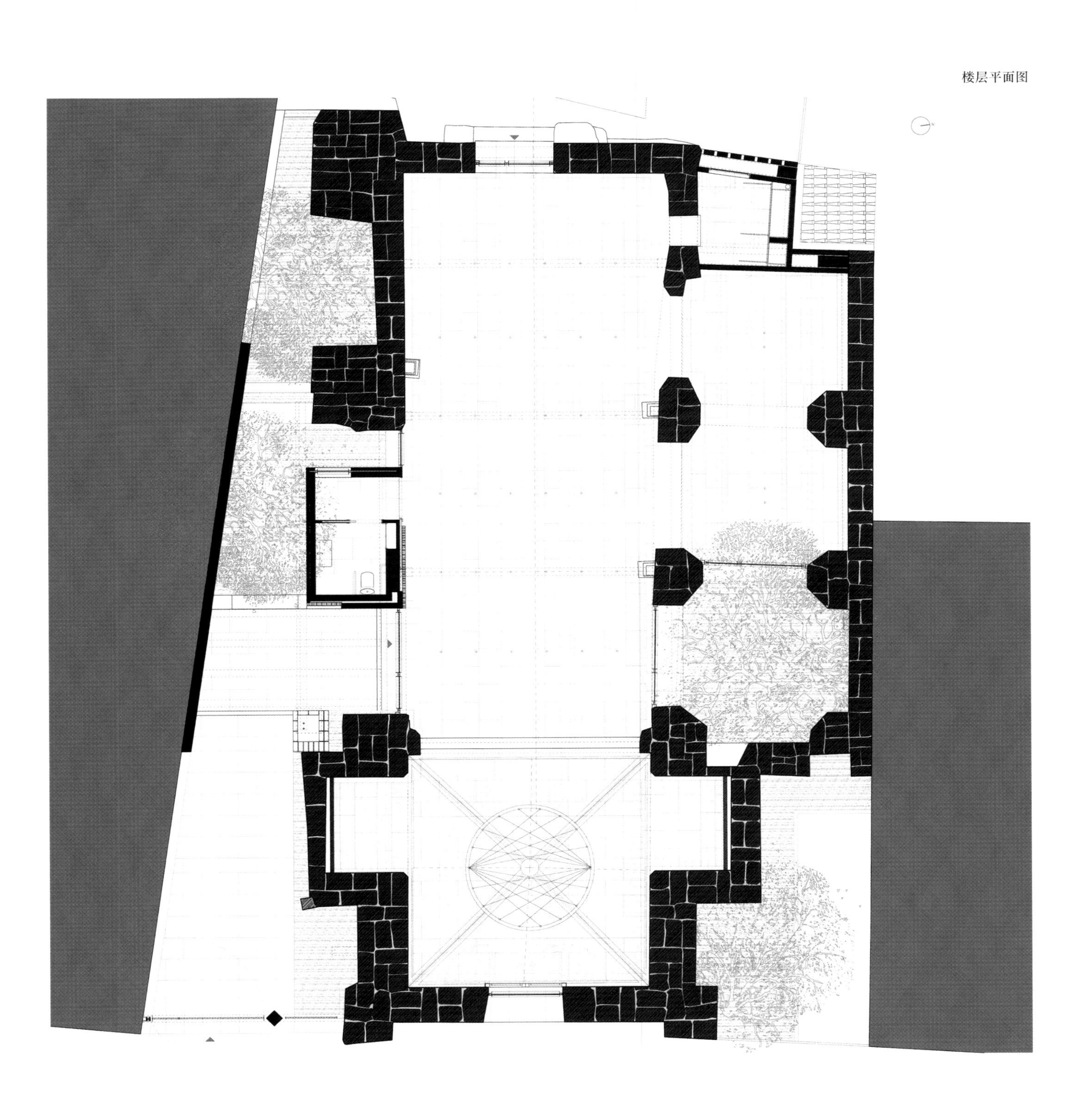

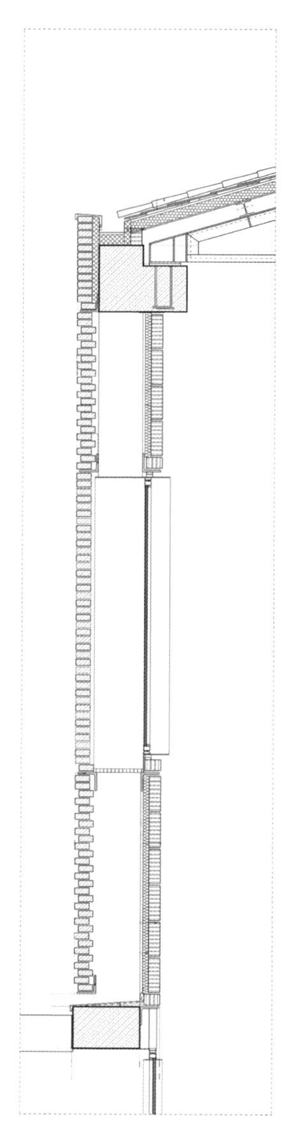

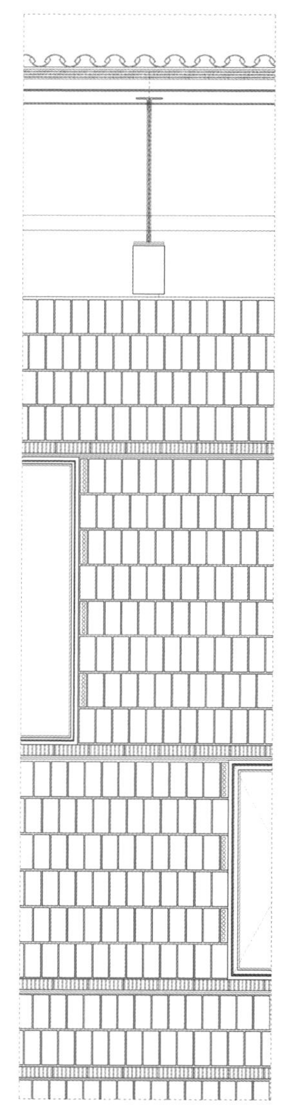

详图

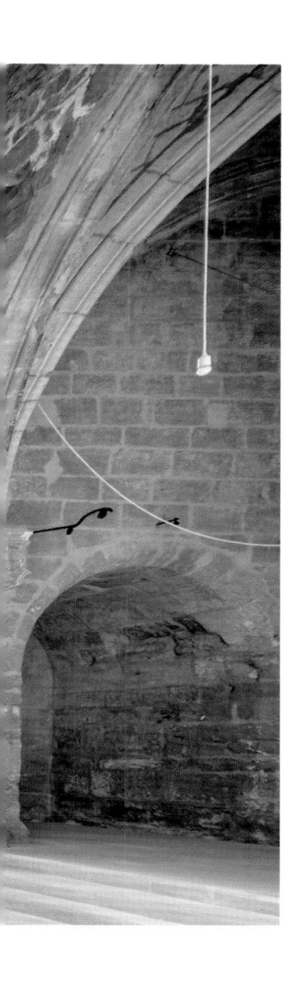

策略

4

外部并置

该策略会在旧结构上或旧结构相邻的位置增建一个新的独立结构。尽管这类改造项目可能会用到多种改造策略（包括一些或所有前述的策略），但本策略的主要目标是将两个不同的建筑形式（新、旧建筑）在外部并置共存，使这两种建筑形式彼此形成一种新旧对话。这种对话可能是难以察觉的，也可能是对抗性的。

该策略在很多方面类似于第一种策略，都是独立于旧建筑的结构。不过只有在这种策略中，改造措施才是建筑物级别的，所以这种新旧对话发生在建筑物的外部。本章中的案例介绍了新旧并置的多种方式。当新项目需要的空间比老建筑的主体结构空间大得多时，这种新旧建筑并置的方式就十分合适。这种策略为新设计提供了最大的自由度，可以建立起一种与旧建筑完全不同的建筑语言。本章中展示了新建筑与旧建筑对话的多种方式，即使这些新建筑与旧建筑相距较远。其中所有的技术包括参考老建筑的韵律、对老建筑体量进行镜像建造、反映老建筑元素的特点以及打造动线和中间空间的连通性。

本章前两个项目——马尔默市场和维也纳法语学校扩建与莫里哀工作室是典型的外部并置，通过模仿老建筑的形式或外形使新旧建筑产生一种镜像扭曲的效果。这种新旧对话是通过相似性和差异性构建的。两个案例中新建部分的体量和规模都是模仿原有建筑的，其不同之处在于建筑语言。尽管如此，它仍然是对旧建筑的现代诠释。在马尔默市场案例中，新建筑模仿了旧建筑的体量，并与旧建筑连接在一起。新建部分采用了原来屋顶的色调，但使用了不同的材料。由于场地限制而产生的体量扭曲进一步体现出新旧部分的不同，也因此产生了一种动态关系，从而使新建筑的外观与周围的城市肌理建立了良好的关系。在维也纳法语学校扩建与莫里哀工作室项目中，新建筑和旧建筑之间有一定的距离。新建筑的玻璃幕墙里可以映出老建筑的外墙立面，使居住者从一栋建筑物的内部看到另一栋建筑物。新旧两个建筑的立面由此产生了一种相互折叠的效果，从而突出两个立面之间的相似性和差异性。适合窗户开口的比例也可以使新旧建筑互补，并与旧建筑的楼层及屋檐高度相匹配。

古驰米兰新总部是由一系列复杂的独立建筑组成的，代表了“拼贴型”新旧建筑并置的策略——将几个不同的建筑统一为一个整体。各种新旧

马尔默市场，由 Wingårdh 建筑事务所设计 © Wingårdhs 摄影工作室

部分并排放置，每个部分都有不同的建筑体量和建筑语言。尽管对新旧建筑采用对比法来彼此区别，但建筑师还是采用各种技术将建筑复合体保持在一起作为一个整体来解读。不同建筑体之间的各个空间成为整个复合体中的重要部分，使围绕它们的建筑物产生各种层次感。正是在这些开放空间中，新旧之间的对话变得更加明显。

在古驰米兰新总部的案例中，建筑师通过对一座由结构复杂的厂棚组成的飞机制造厂通过拆除和增建进行了改造，以创建功能性空间和建筑内外的动线。厂棚的一部分被拆除了，以制造新的室外空间。新元素被植入到了旧庭院，为这座复合体带来某种凝聚力。改造后，原来的红砖墙与屋顶瓦和新安装的玻璃与黑色金属结构形成了鲜明的反差。表达新旧差异的另一个并置是拔地而起的六层新楼与低矮平铺的大厂棚。新建筑的棱纹外立面，模仿了旧厂棚的桁架结构，将整个建筑复合体统一起来。

荷兰 B30 的新旧并置主要是通过连接历史建筑的两个主翼部分实现的。它本质上是对先前改造过的部分进行移除和覆盖，以便产生一种新旧对话。建筑师通过移除先前改动的部分来评估原建筑的价值。此次的改建降低了建筑的整体高度，使原来的屋顶重新变得突出。通过对原建筑的模仿，建筑师实现了新旧部分之间

B30，由 KAAN 建筑事务所设计 © 卡琳·波尔格兹

的连续性。原来的格子天花板引发了创造透光天窗的灵感，同时新材料在色调上也尽量匹配原建筑的色调。这个案例中的并置非常微妙，内部新旧之间的界限模糊不清。这种并置展示了老建筑的建筑语言的演变。这种变迁被“记录”在了新的改造中，它在与老建筑的层次及语言并置的同时，也变得更加开放、透明、引人注目。

本章中的最后两个案例形成了鲜明对比。它们体现了在一座建筑中进行外部并置改造的两种截然不同的方式。安特卫普港口大厦是一个竖向并置的改造项目，人们可以从中欣赏到城市和港口的美景，也可以从远处看到它。而叠院儿则是个住宅规模的横向并置，所以主要聚焦于建筑的内观部分。

叠院儿胡同酒店的旧庭院有新独立建筑，从根本上改变了民国时期典型老四合院的空间品质，创建出了一组开放通透的新房间。这座建筑曾经是一个相对较大的四合院，而现在被改造成了一系列较小的户外空间，作为从公共区域到私人区域的缓冲，同时为人们提供光线充足、绿意盎然的精致景观。此外，更加微妙的设计是为旧建筑增加了整体的分层结构。第一层的庭院是通过回拉街道前方的围墙来加深入口部分。旧建筑的厚石墙是从公共区域到私人区域过渡的第一层。接下来是远离街面的新玻璃墙，建筑师拆除了上面的屋瓦，建立了第二层庭院，隔离了嘈杂的街道。下一层庭院是通过将新元素与现有结构并置而产生的。庭院中的新建筑模仿了旧建筑屋顶形状和比例的一些特征，但它由一系列新材料、金属结构和玻璃制成，与旧建筑的木材和石料形成了鲜明的对比。与策略二（翻新与植入）一样，新旧内饰通过翻新而得以共存。光滑的白色饰面融合了新旧两部分结构，而简约的木质衬里则为原来的内饰带来了一种现代而温暖的效果，与原先木结构饰面的纹理形成了反差。

安特卫普港口大厦在原建筑庭院范围内形成了并置，同时也与旧建筑外的自然及历史环境产生了对话。在建造一个新的消防局大楼之后，原来的消防站就变得多余，为了将其保留下来，就要改变它的用途。建筑师将改造工作聚焦在旧建筑的屋顶景观上，为用户提供港口和周边城市的全景。新的建筑语言并不是来自旧的消防局建筑，而是来自于周边的水域。它被诠释成一个水晶般的形状，由切面结构玻璃制成，既映现着周围的水域和天空，也诠释出安特卫普钻石贸易的历史。通过这种方式，采用外部并置的策略，使建筑的影响力从旧消防局的内部庭院延展到了外部，曲面玻璃不仅映现着周围环境，而且体现了这座钻石之城的历史。新结构使旧结构隐藏了其支撑部分，它似乎悬停在了旧建筑的上面，与原来坐落在地面上的部分不同，这个新的部分呈现出了一种漂浮的效果。

通常，当老建筑通过外部并置的方式延伸时，这类改造共同的特征就是新旧部分之间的空间在用户体验中起着重要的作用。在每个案例中，新的部分都会对旧的部分加以诠释，反映出两者之间的一些相似点和不同点，表明对过去的尊重和对未来的憧憬。

马尔默市场

该设计通过新旧部分的相似性和差异性来体现这座市场大厅独特的吸引力。新改造的部分在整体形式上与旧有部分相似。建筑师模仿了老建筑的山墙轮廓，但只是占用适合现场环境的部分，对其进行增建和改造工作。

马尔默中央火车站以西的旧货场是妮娜·托特·卡吕德和马丁·卡吕德姐弟为了建立市场大厅而购买的，购买时这里只是一个连屋顶都没有的建筑框架。2013 年，业主委托设计师将这片废墟改建成大约拥有 20 个商铺和餐馆的市场大厅。项目最初的想法是在原有的长方形砖砌建筑物上增加一个相似的建筑体，但是当发现现场地下埋有公用设施时，计划不得不改变——必须减少建筑面积。

最终设计方案是在现有建筑结构的基础上加建，但不增加建筑面积。原有建筑物与新建部分之间设计了屋顶间隙，增加自然采光。市场大厅的周边区域正在重建中快速发展，但褪色波纹钢的外墙覆层仍然是这个区域的主流建筑特征。外墙的锈红色与墙上攀爬的植物互相映衬，也是一道风景。

面向直布罗陀大街的市场主厅以一个巨大而突出的屋顶为特点。它与另一部分连接在一起，仿佛一本翻开的“杂志”。扩建部分的防火钢材让人联想到长期在该地区占据统治地位的工业经济，而红木外墙则以砖块一直连接到了“杂志”的书脊部分。建筑立面采用了波纹板，这是一种标准的产品，结合坚固的垂直钢材，使窗户和入口处的外立面更具韵律感和雕塑感。

大厅的整个服务区域（仓库、储藏室、员工办公室等）都集中在建筑物一端的三层。这样，建筑物的其余部分就可以集中释放给公共空间使用。

建筑设计：
Wingårdh 建筑事务所
建筑地点：
瑞典，马尔默市
建筑面积：
1500 平方米
完工时间：
2016 年
摄影：
安德烈·菲尔普，Wingårdhs 摄影工作室

MALMÖ
SALUHALL

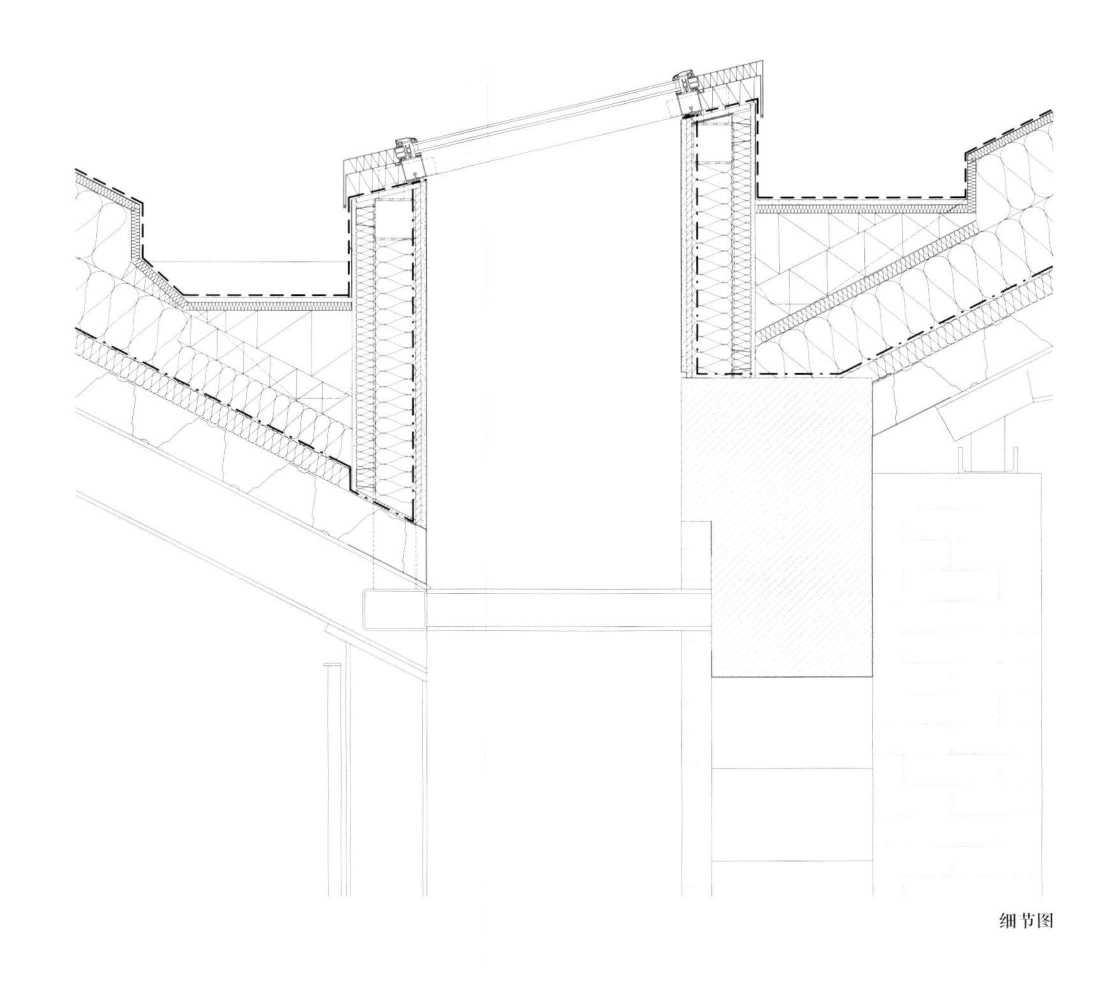

细节图

立面图

FG HALLEN

LIMHAMNS K
PAPI
RHS

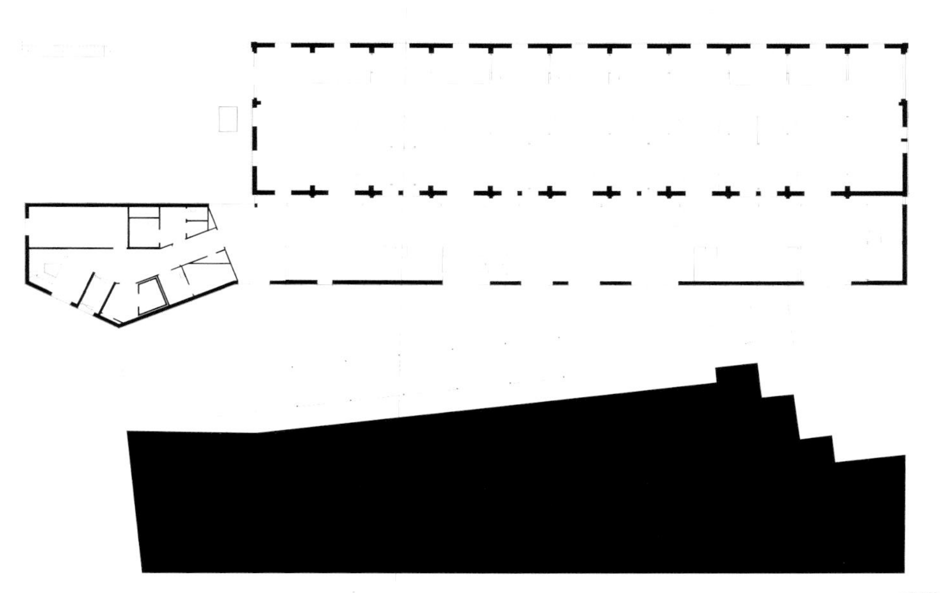

平面图

维也纳法语学校与莫里哀工作室

新的部分通过在老建筑稍远的位置进行建造来诠释旧的建筑语言。这也为新建筑提供了模仿老建筑入口尺度和楼层及屋檐高度的机会。新旧建筑之间明显的构造差异进一步加强了这种并置关系。

该项目中，法语学校通过建造新建筑完成了扩建需求，而莫里哀工作室则通过改造焕然一新。建筑师在改造设计中聚焦于材料、灯光和阴影等方面的反差对比，更加侧重开放空间的设计。

翻新设计的方案甚至反映了 19 世纪该建筑曾经被用作骑术学校的历史。为了在学校的外立面上对旧式建筑风格有所体现，设计师使用了对比法的表达方式，同时还运用了不同的技术、建筑方法、材料和能源技术。例如白天，新学校建筑的玻璃幕墙反映着莫里哀工作室老建筑的影子，而一旦天黑下来，新学校建筑的灯光照亮老建筑，这种效果就会翻转。

莫里哀工作室的入口、接待处和书店，位于列支敦士登街边。接待区的墙线从建筑物的外墙线后退一定距离，使接待处好像一处“插入”在建筑的新结构。通过移除原来的两个天花板，这个空间获得了释放，足以让访客了解到其重要性。在门廊之下，接待区使用大大的落地窗，为室内引入更多的自然光线。

建筑师对原建筑进行了各种结构调整，包括将原木质天花板改为木材和钢筋混凝土构成的混合天花板，并将阁楼中原来的桁架改成了钢架结构。大部分历史悠久的窗户都得到了修复，必要的地方还增加了新的双层玻璃窗。

建筑设计：

Dietmar Feichtinger 建筑事务所

建筑地点：

奥地利，维也纳市

建筑面积：

3591 平方米

完工时间：

2016 年

摄影：

赫莎·胡尔纳斯

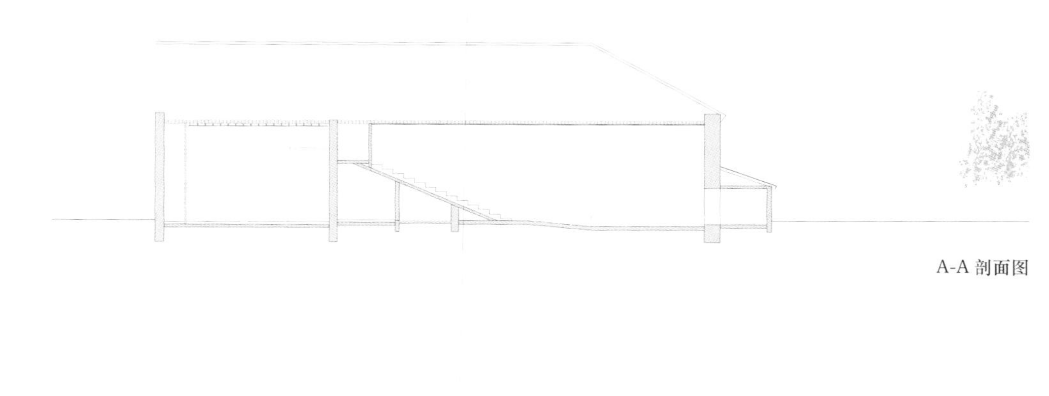

A-A 剖面图

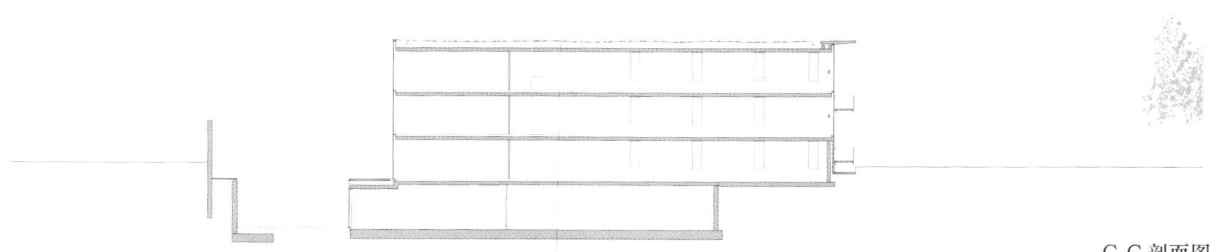

C-C 剖面图

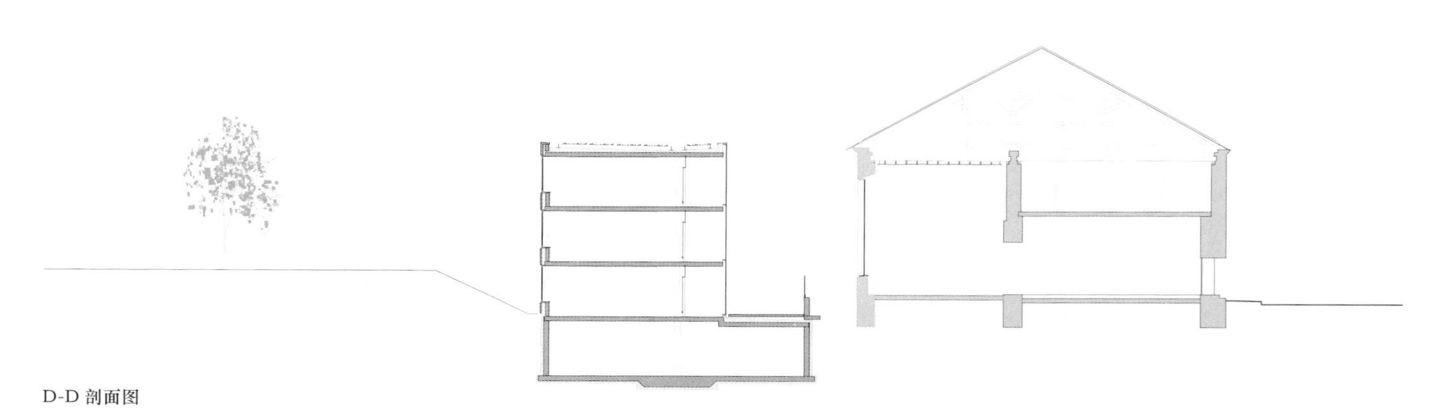

D-D 剖面图

新的学校建筑位于莫里哀工作室的西南侧，中间是一个新的户外空间。为了尊重工作室的建筑结构和外观，新的学校建筑采用玻璃幕墙，映照着工作室的旧外墙，使得整个建筑有了鲜明的特色。新建筑的主入口位于原莫里哀工作室出口的正前方，通往教室的水平通道面向工作室，学生可以在学校的不同楼层看到工作室。

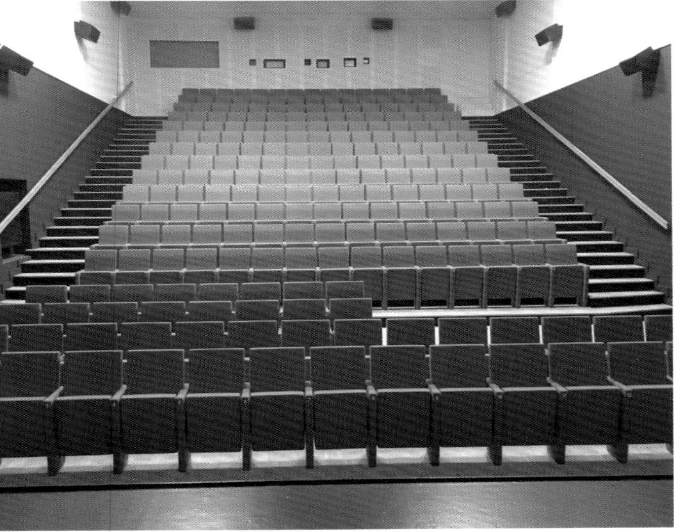

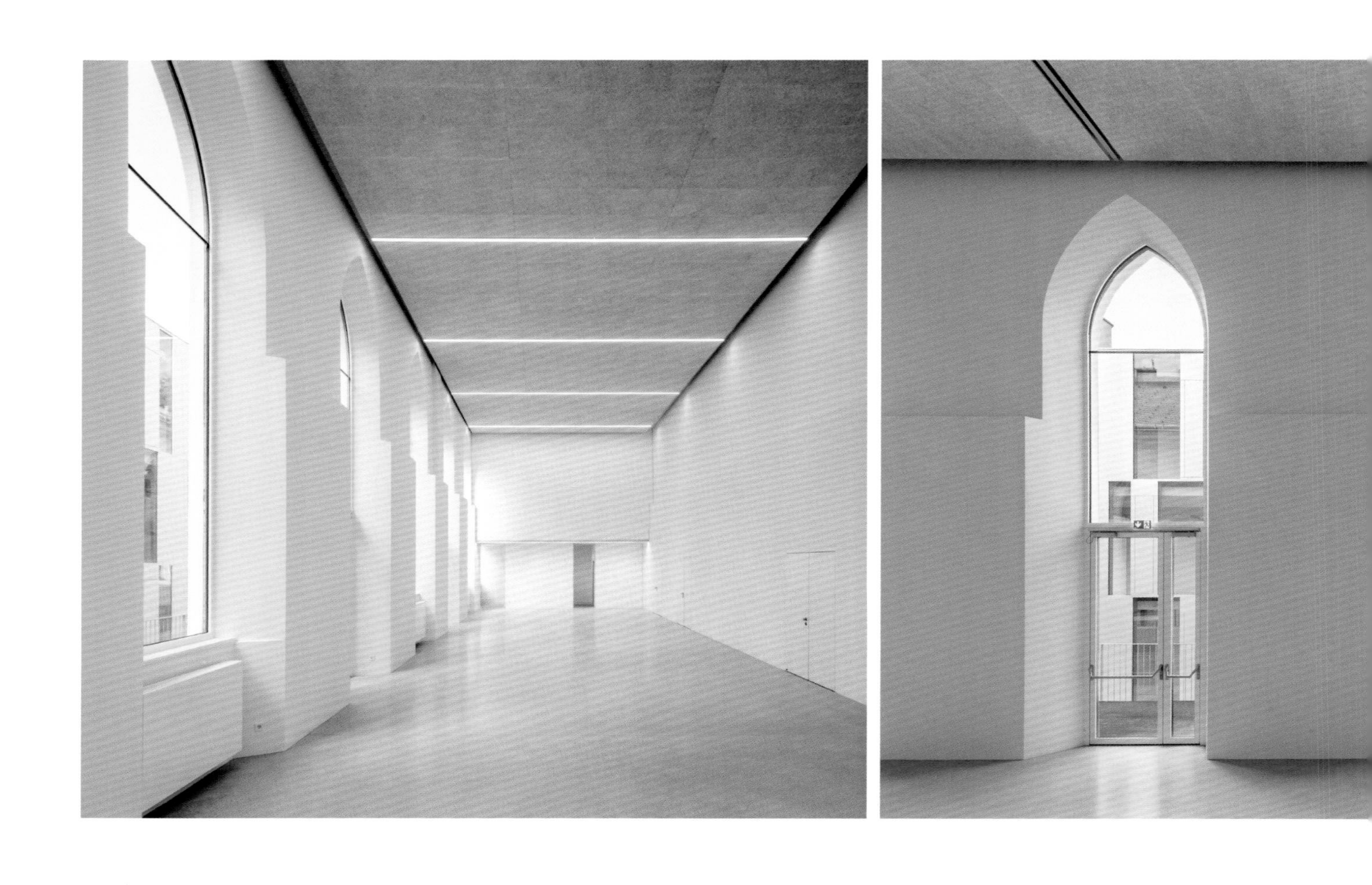

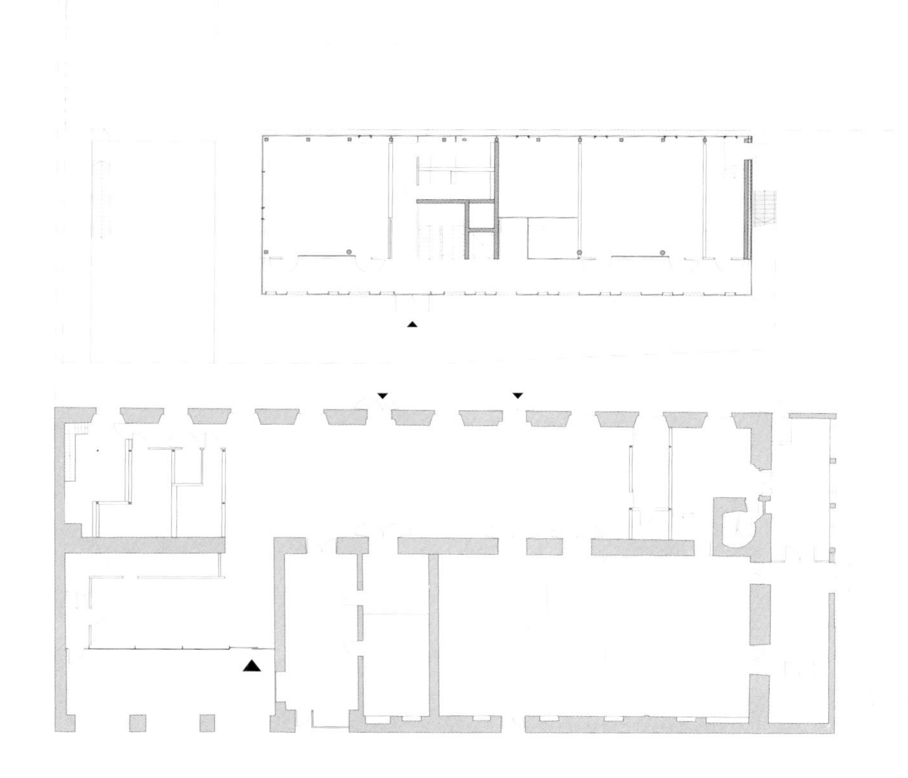

一层平面图

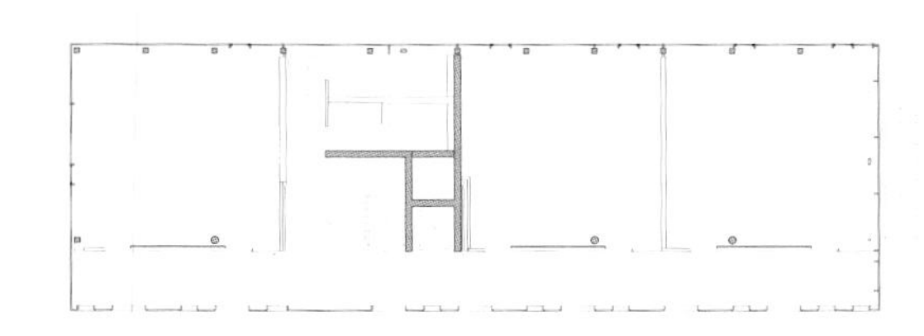

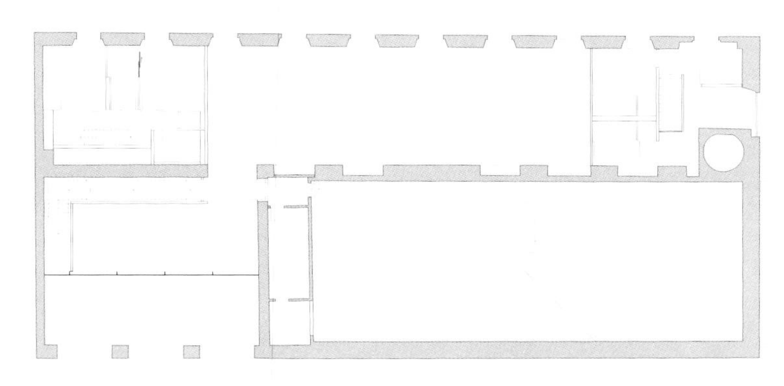

三层平面图

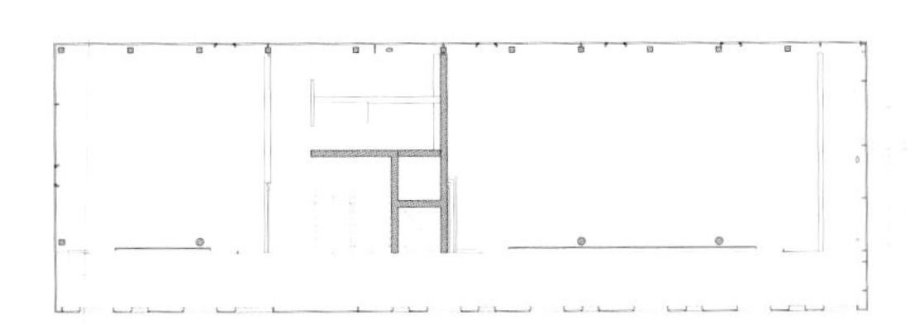

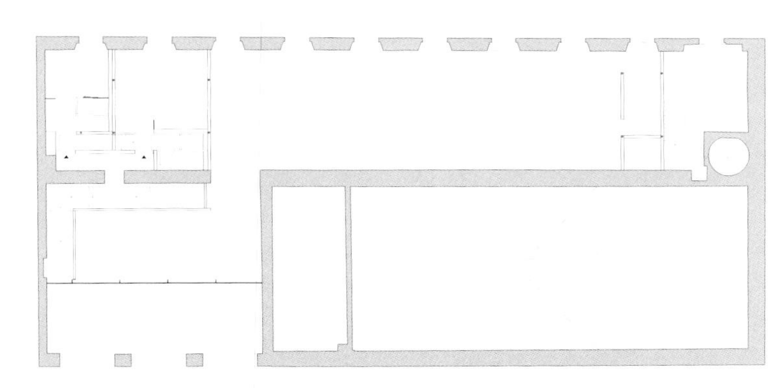

二层平面图

古驰米兰新总部

大楼部分的现代化改造与旧式的红砖厂房形成了鲜明的色彩反差。黑色百叶窗式外墙打破了这片场地的对称性，同时也提供了防晒的功能。

卡普罗尼飞机制造厂位于米兰东部的郊区，始建于 1915 年。这座工厂主要用于飞机的设计、组装和测试。此次改造和重建之后，这片老工业遗存焕发了新的生机，成为著名时尚品牌古驰的米兰新总部，拥有办公室、展厅、餐厅和主办时装表演的空间。

该项目是在改造这块工业场地的基础上进行的，因此厂房的改造主要侧重于增强原始建筑的风格特征。改造后，这座现代化办公大楼既满足现代工作的需求和条件，又保留了老建筑丰富的历史内涵。

废弃的工业仓库由棚顶式屋顶覆盖。天顶采光一路延伸至室内，为室内提供自然光线。模块化的结构舱促成了空间内外布局的无缝互动。仓库具有巨大的开放式平面，改造后，现在可以用于举办各种活动和时装表演，尤其是米兰时装周期间的重要展演。

该项目在这个工业仓库中新建了一栋六层楼高的建筑，它与旧建筑紧密相连，相互作用。该体量四周由玻璃幕墙包裹，顶棚则覆盖着常规的防晒结构，但它打破了场地的对称性，并把所有不同的功能组合在一起。该建筑的外墙由玻璃幕墙构成，而屋顶是由一层深色金属垂直网状结构构成。这座明亮高大的现代建筑与低层仓库的红色裸露砖块形成了鲜明的色调对比。

这座总面积达 3 万平方米的建筑群，还设置了有屋檐的户外广场，将库房与街道连接起来，修建出绿树成荫的广场和花园。该项目是一个高度可持续项目。建造使用的可再生能源可为古驰节省 25% 的能源成本。

建筑设计：
Piuarch 建筑事务所
建筑地点：
意大利，米兰
建筑面积：
30 000 平方米
完工时间：
2016 年
摄影：
安德里亚·马蒂阿杜娜

79

79

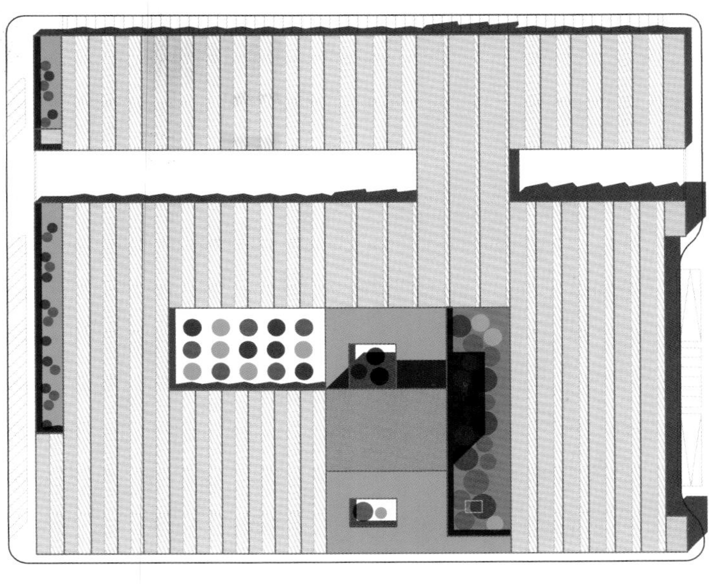

总平面图

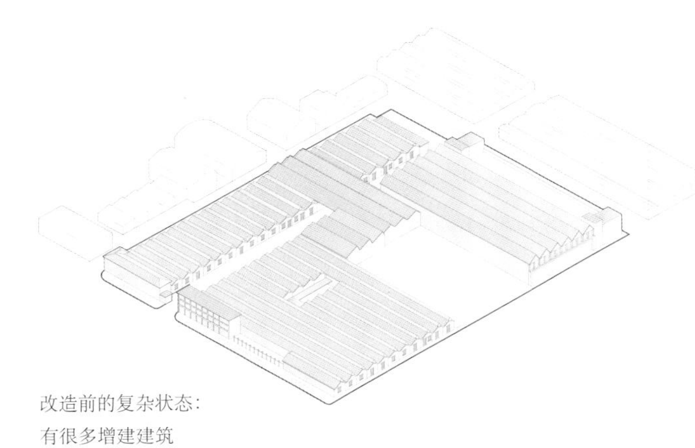

改造前的复杂状态：
有很多增建建筑

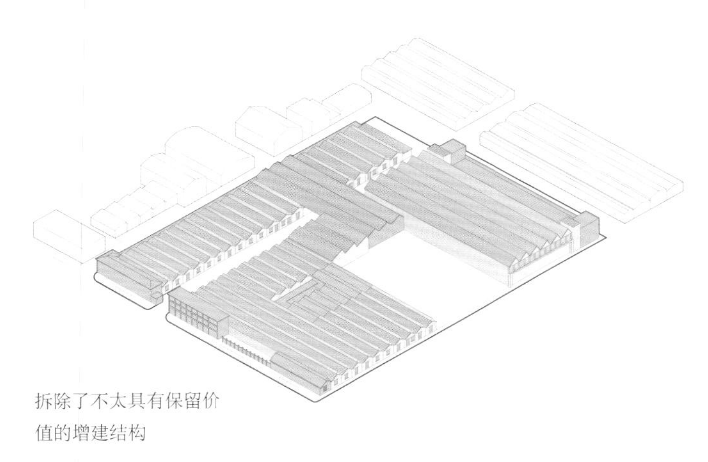

拆除了不太具有保留价
值的增建结构

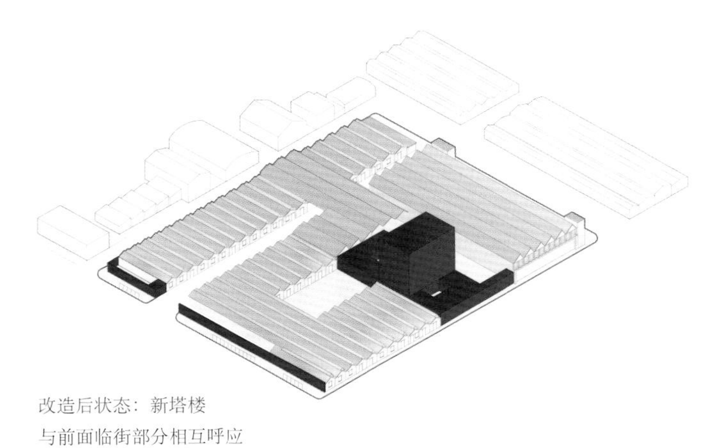

改造后状态：新塔楼
与前面临街部分相互呼应

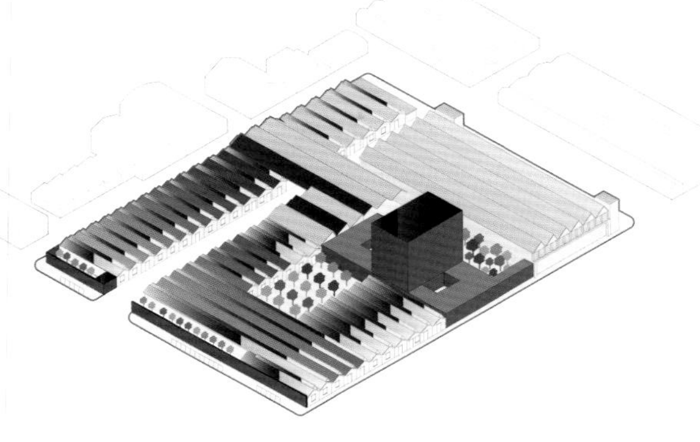

绿色区域

B30

这种新旧并置的改造是通过对现有结构的抽象化借用，与老建筑保持了形式上的连续性。通过不同楼层之间以及新结构与远处的花园之间的视觉通透性，新的部分实现了与朴素的老建筑的反差效果。

这座建筑最初由时任政府首席建筑师的丹尼尔·E.C. 克努特尔（Daniel E.C. Knuttel）于 1917 年设计建造，为财政紧缩时期的一个政府部门办公所用。1994 年，该建筑由 Hans Ruijssenaars 教授重新设计翻修。B30 是一座宏伟的一级历史保护建筑，具有强烈而独特的建筑特征。

它坐落在海牙市中心，毗邻哈格斯博斯（Haagse Bos）绿地，矗立在 Bezuidenhoutseweg 街道旁，一条连接皇家宫殿 Huis ten Bosch 和荷兰国会建筑 Het Binnenhof 的历史性轴线之上。设计师用清晰的布局和建筑体量将 B30 本来封闭且等级清晰的空间转化成了一个开放、透明、有魅力的现代工作环境。

项目独到、深刻的前期调研分析描摹出了原设计的核心品质，也为随后的设计创造了一个启发性的框架。这座历史悠久的建筑不再被视为一个已经“死去的”老古董，而是整体设计中至关重要和值得延续的一部分。

基于其所在的城市环境、开阔的景观和历史环境，B30 底层设立了餐厅、咖啡馆、图书馆、会议室和研讨室，公开透明，面向公众。所有通道都相互对齐，打造了贯穿整座建筑的视觉通廊，加强了建筑内部与外部街道、森林和花园的联系，也简化了内部的路径。

建筑设计：
KAAN 建筑事务所
建筑地点：
荷兰，海牙市
建筑面积：
21 000 平方米
完工时间：
2015 年
摄影：
卡琳·波尔格兹

东北立面

建筑的中心是一个开敞的中庭，就像是 B30 静静跳动的心脏。在这里，荷兰艺术家罗布·波尔扎（Rob Birza）应邀设计了一个新的马赛克地板图案。这个抽象的花园图案不仅赋予了内部景观新的生命力，也让它与外部的城市森林和花园有了视觉上的联系。

原建筑师克努特尔的设计被扩展到了两侧：研讨区门厅设有会议室、研讨室和穿过玻璃前廊的下沉礼堂，而工作厅则有休息室、工作区、咖啡厅和图书馆。门厅的大型旋转玻璃门，配有高光铝制框架，面向花园。

中庭和新门厅的天花板都开有天窗。天窗以建筑原有的格子天花板为基础，被设计成正方形底座、三角形玻璃封顶的形态。这些天窗的位置及分布都是经过深思熟虑的，最利于阳光的分配，同时又能避免太阳直射造成温度过高。

巨大的楼梯通向前任部长的大房间，站在中庭可以一览四个楼层不同机构的工作空间。新建的一层办公室位于建筑物的“中殿”，并延伸至屋顶。屋顶高度从原来的 30 米减少至 20 米，使得内部庭院有了更舒适的比例。

新添加的立面是填充了石块的喷砂混凝土框架结构，立面外表涂刷了与原建筑物色调相匹配的着色剂。此外，开窗面积的增大（将窗户延伸至建筑的石头底座，将窗台向下移动并延长了边框），在立面上表达了层次关系的变化，强调了底层的重要性。

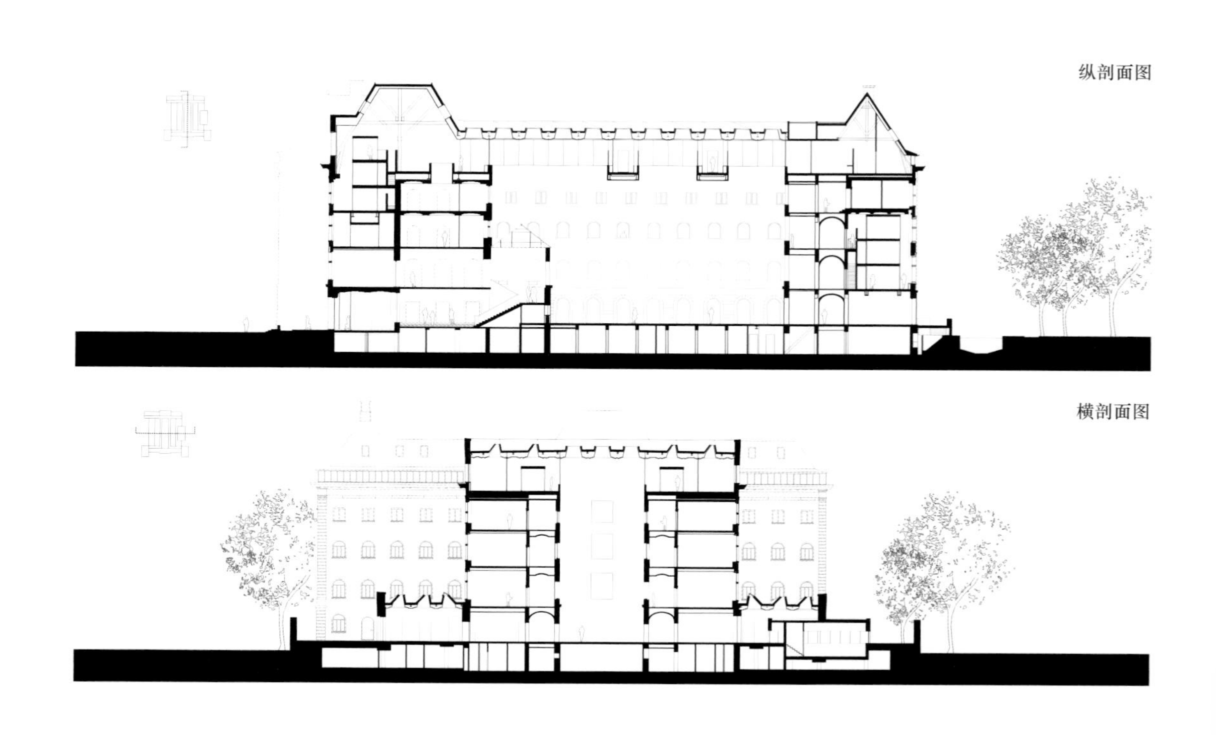

入口推拉门详图

❶ 风幕支柱（RAL 8022 铝涂层，通过地下室连接）
❷ 透明玻璃（旧隔热玻璃）
❸ 柱（RAL8022 涂层挤压铝型材）
❹ 钢板（铝钢，RAL8022 涂层）
❺ 推拉门、固定玻璃（RAL8022 涂层挤压铝型材、透明玻璃）
❻ 留存的钢制旧大门
❼ 天花板（异形 GRG 装饰板和石膏夹芯板、集成式照明）
❽ 石灰石（雷蒙灰、经过磨光处理）
❾ 石灰石（火烧 cenia 石材）

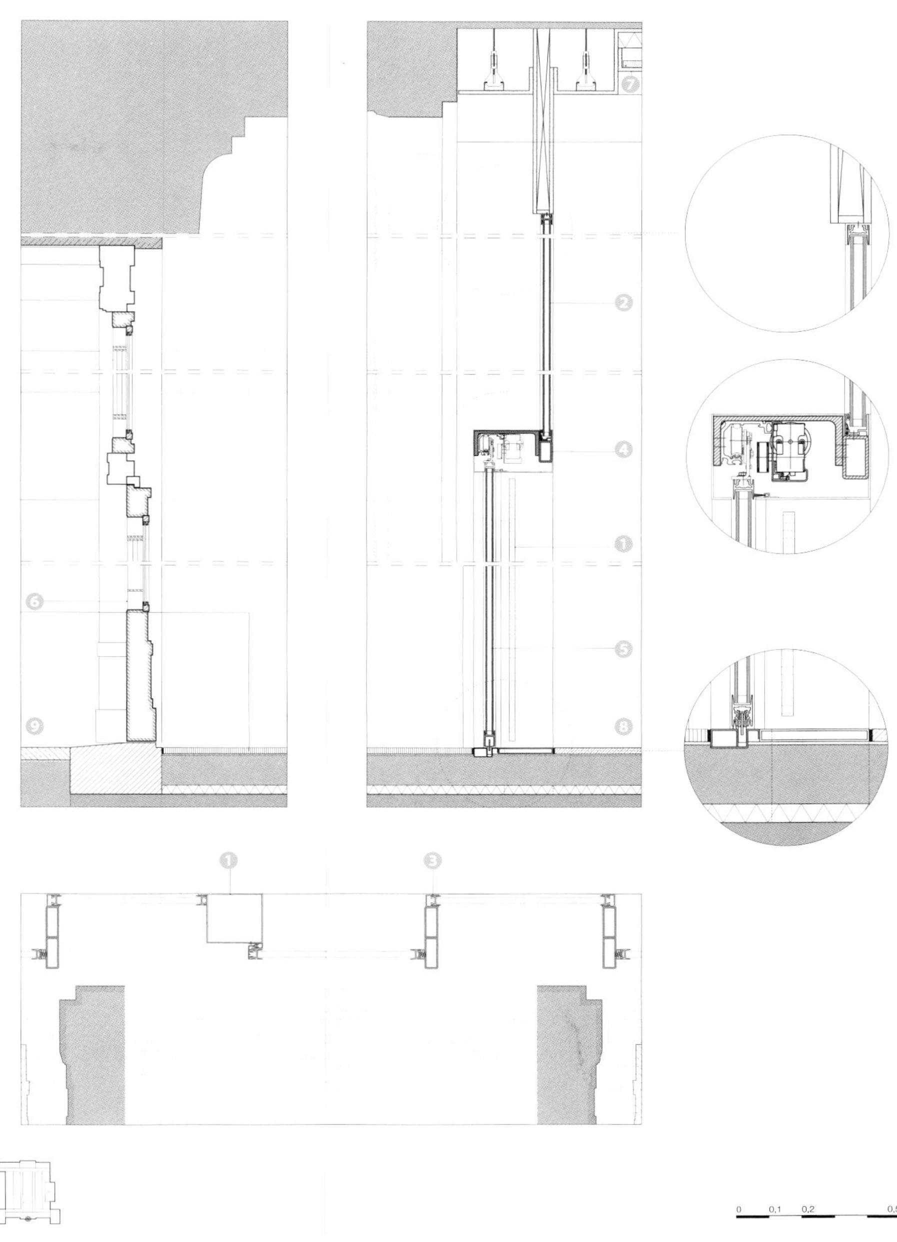

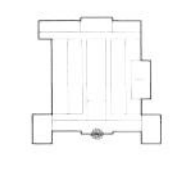

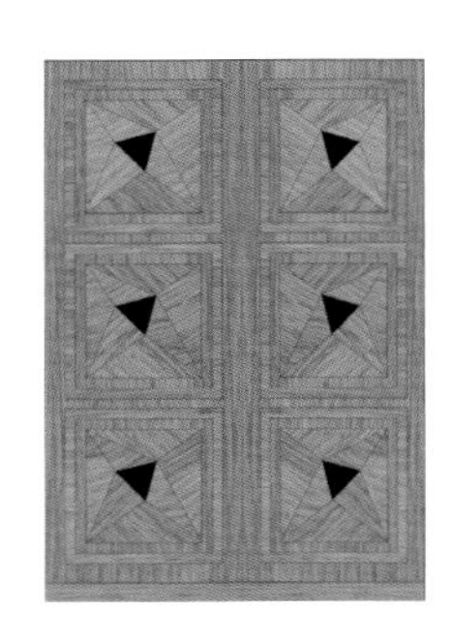

入口大门细节

❶ 原来的大门（美洲橡木、上涂油漆）
❷ 棱镜式玻璃

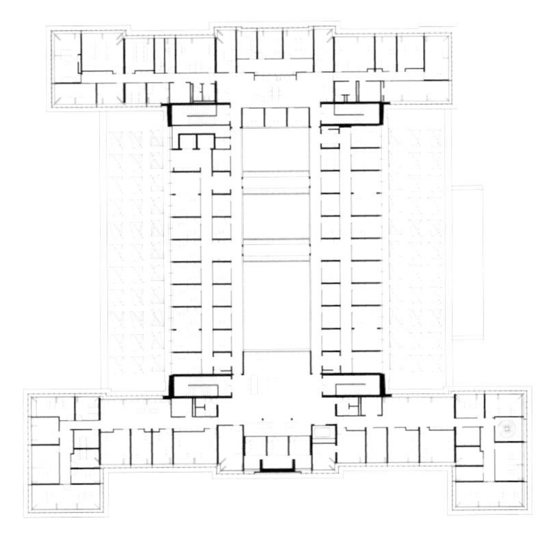

五层平面图

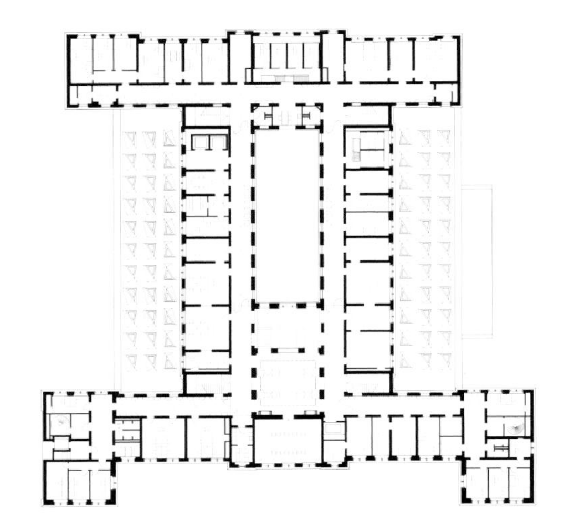

二层平面图

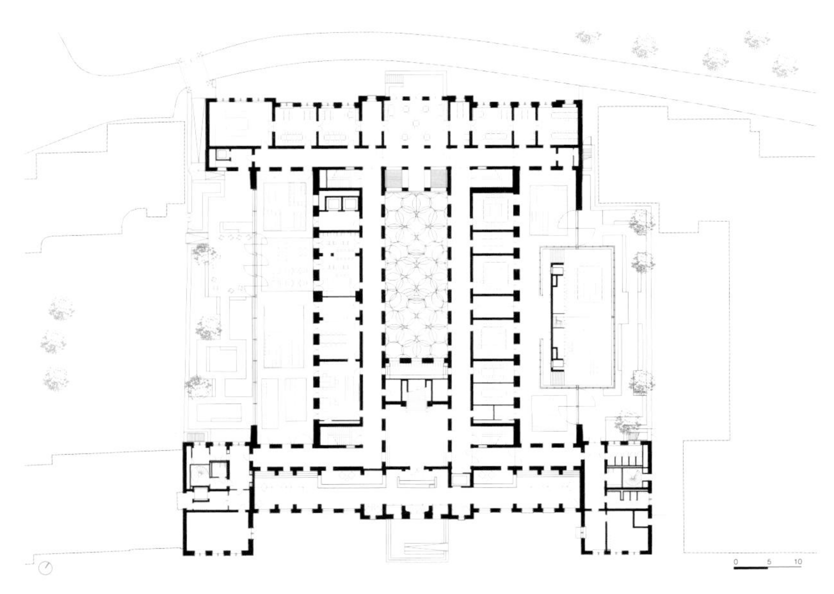

一层平面图

1. 透光孔(预制夹层元件-带钢框架和HR++透明玻璃的天窗)
2. 异形GRG天花板（无缝玻璃纤维加强石膏板）
3. 墙面和顶盖（经过磨光处理的雷蒙灰石灰石）
4. 幕墙（以阳极抛光氧化铝框架镶嵌玻璃）
5. 石灰石楼面（雷蒙灰、经过磨光处理）
6. 墙饰面（美洲橡木、单板最小6毫米、涂油漆、集成式通风孔）
7. 隔音层（科涅克隔音棉）
8. 石灰石台阶（雷蒙灰、经过磨光处理）
9. 预制混凝土构件（异形构件、大理石饰面）
10. 露台、花园
11. 旋转门（美洲橡木）
12. 隔墙（美洲橡木贴面包覆，涂油漆）
13. 连接幕墙的旋转门

会议室立面图

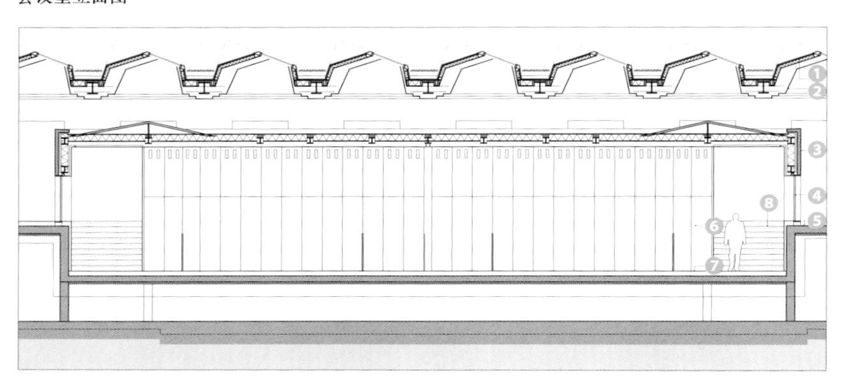

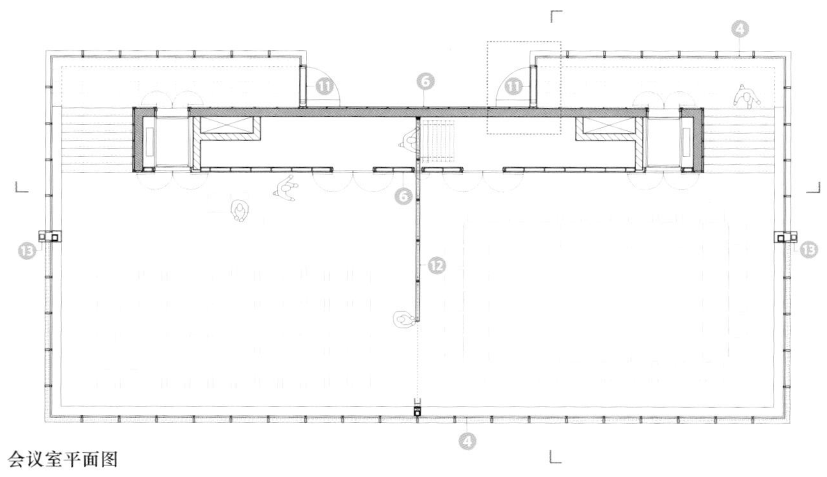

会议室平面图

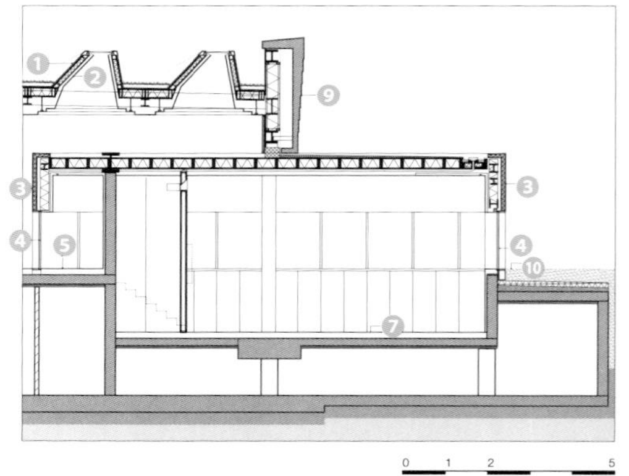

会议室剖面图

叠院儿

这个重建项目向内扩展到原来的中庭，建立了一系列新的庭院，形成了新的空间关系，打造出了光线充盈的公共与私人空间。

叠院儿隐藏于北京前门附近的一片传统商业街区之中，占地面积约 530 平方米。原建筑是一座颇具民国特征的四合院商业用房。与民宅相比，这里的房屋较为高大。南侧沿街是一排拱形的门窗，北侧的房屋则建有两层。在本次改造之前，房屋结构均被整体翻建过，院内并没有门窗和墙面，裸露着粗犷的木结构梁柱。据说这里在民国时期曾是青楼，新中国成立后又转变为面包坊，翻建之后就空置下来。建筑未来的使用被设定为兼有公共活动与居住的混合业态空间。因此，本次改造在提升建筑质量以及基础设施的同时，重在创造基于胡同环境背景之下的特定场景体验，以吸引日益多元消费需求的城市人群。

传统建筑的一个显著特点就是呈递进式的院落。在一座三进四合院当中，每一进院的房屋使用功能都不同，由外向内私密性逐步提高，人们由此产生“庭院深深”的印象。设计受到传统空间中“多重叠合院落”的启发，将原本的内合院改变为“三进院”，以此适应从公共到私密逐级过渡的功能使用模式，并利用院落的逐层过渡在喧闹的胡同街区之中营造出宁静、自然的诗意场景。叠院儿重新梳理了新与旧、内与外、人工与自然的关系。首先局部拆除了南侧房屋屋顶，在室内空间与街道之间退让出第一层庭院，然后在南北房屋之间新加入一座坡顶建筑，并以两层平行的庭院将新与旧相互分隔。三层庭院让所有的室内空间都能有竹林与阳光相伴。空间之间彼此分离又相互透叠，带有雾化图案的玻璃墙面犹如叠嶂一般，进一步强化了半透明感的空间效果，由此实现了由外至内不同空间场景和生活情境的叠合并置。

建筑设计：
建筑营
建筑地点：
中国，北京市
建筑面积：
530 平方米
完工时间：
2018 年
摄影：
CreatAR 摄影工作室，金韦琪

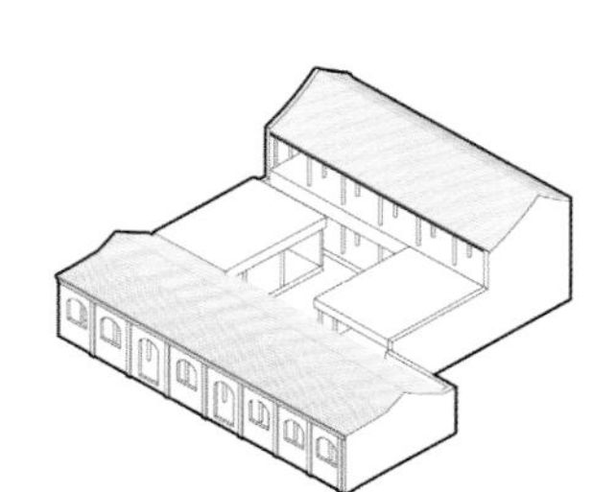

1. 老四合院

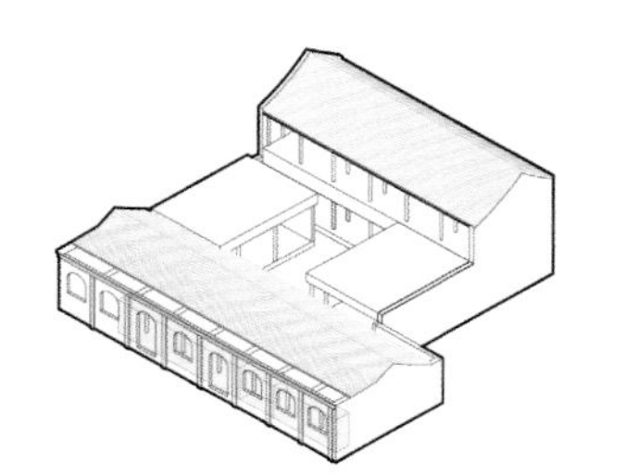

2. 拆除南房局部屋顶，形成第一层院落

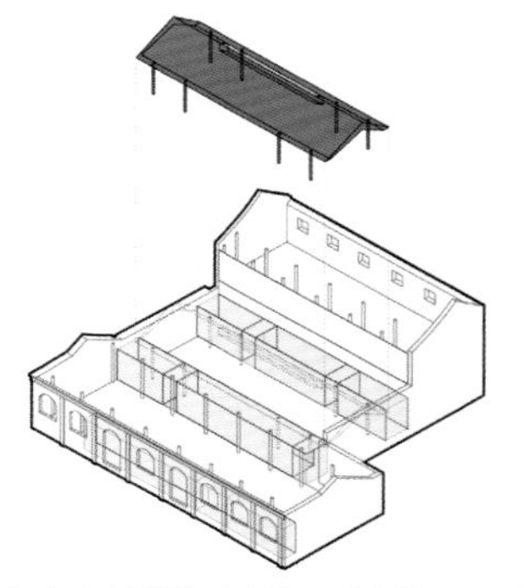

3. 加入新的坡顶建筑，形成第二、三层院落

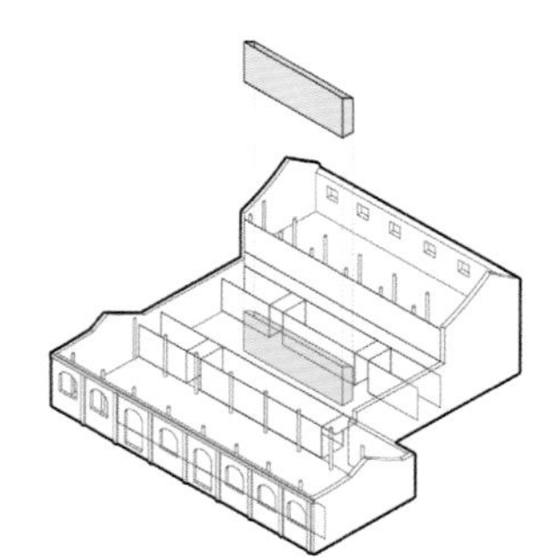

4. 坡顶建筑内部加入水庭院

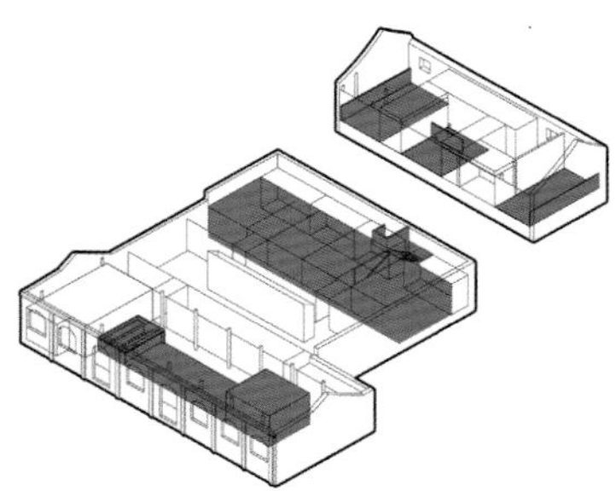

5. 利用木盒子结构，进一步划分室内空间

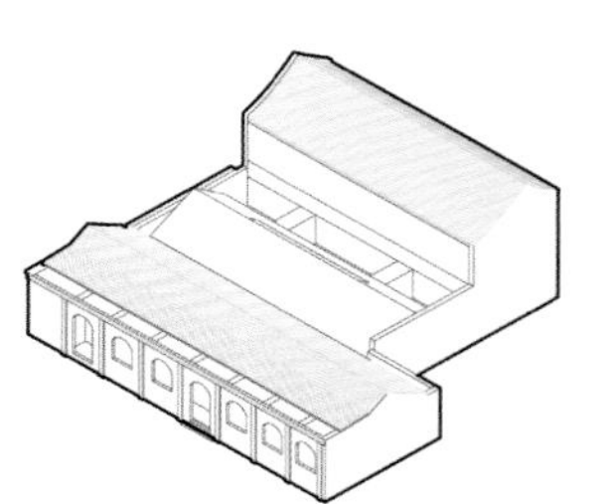

6. 改造后的建筑关系

房屋的使用模式随着三层庭院的递进，自然产生由开放向私密的过渡关系。南房布置了接待、餐厅、酒吧、厨房、办公、库房等，是一个举办公共聚会活动的地方。原建筑木质梁柱结构被尽量保留下来，由新置入的两个木盒子服务单元来划分出不同尺度的使用空间。透过第一层庭院，原建筑拱形门窗洞和朱漆大门变成了“影壁墙”，在竹林的映衬下勾勒出真实多彩的胡同生活剪影。中间的房屋被处理成一个弹性使用的多功能空间，既可以与前面餐厅合并共同使用，也可以独立作为展厅，或者与后面客房区合并作为休息区。这个新建的建筑体在形式上尽量考虑与两侧坡顶旧建筑在尺度、采光、距离上的协调关系。内部空间围绕一个线性的水景庭院展开，主要使用透明、半透明、反射性的材料和家具以弱化一个实体空间的物质存在感，营造有别于旧建筑的轻、透、飘的氛围，既映射又消隐于竹林庭院之中。

北侧房屋是最为私密的客房区域。利用原建筑结构条件，一层空间被划分为四个房间。客房休息区与卫浴区利用材料的变化彼此分开，每间客房都拥有独立的竹林庭院，内外之间相互层叠掩映。二层则分为三间大小各异的客房。透过落地玻璃幕墙，视线掠过层叠的灰瓦屋顶和绿树蓝天，正是身居此处的最佳风景。所有客房均配置了人脸识别和智能控制系统，客人可以通过线上平台完成预约并扫码入住，让居住体验变得更加便捷。

剖面图

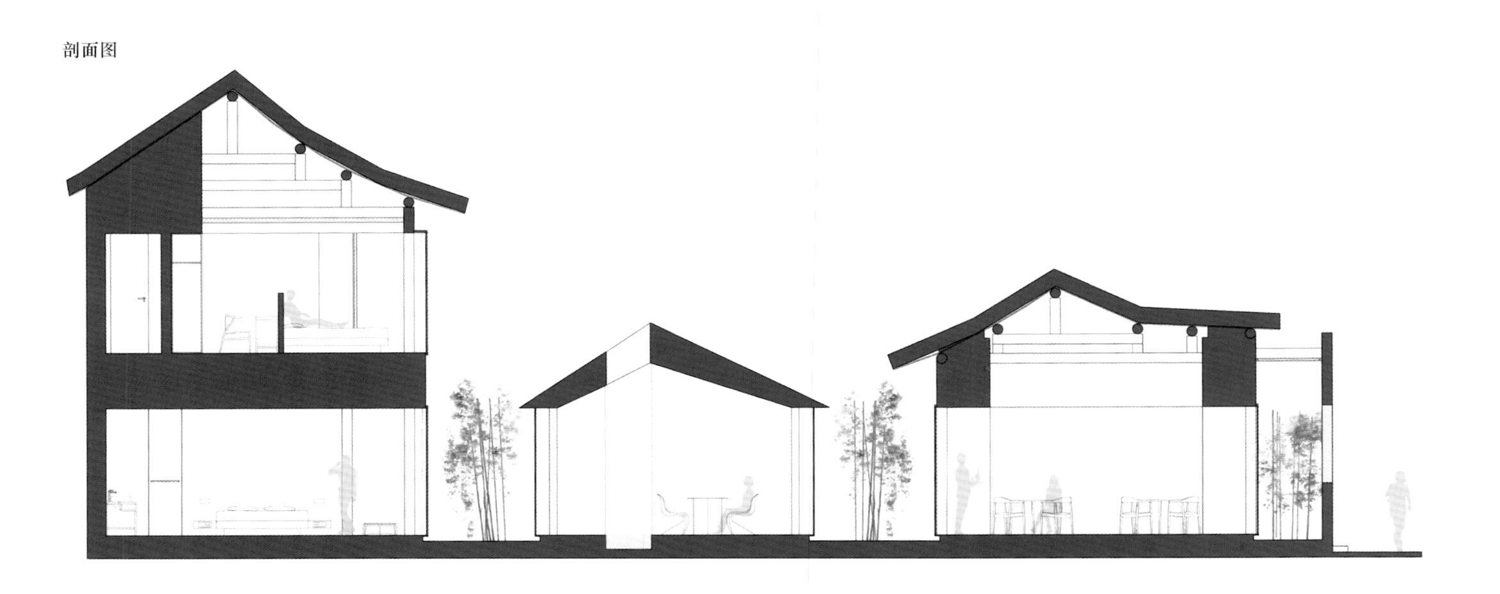

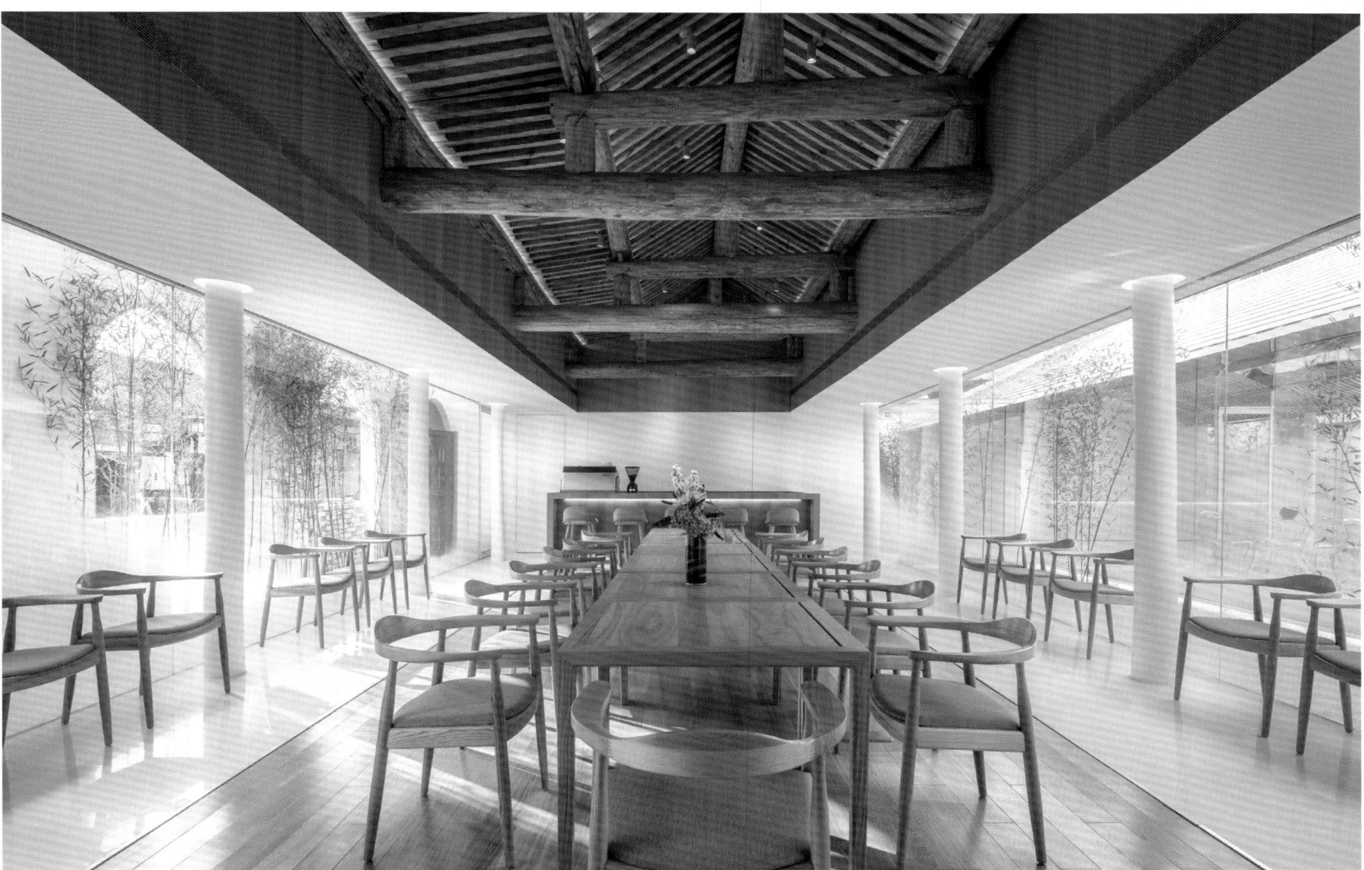

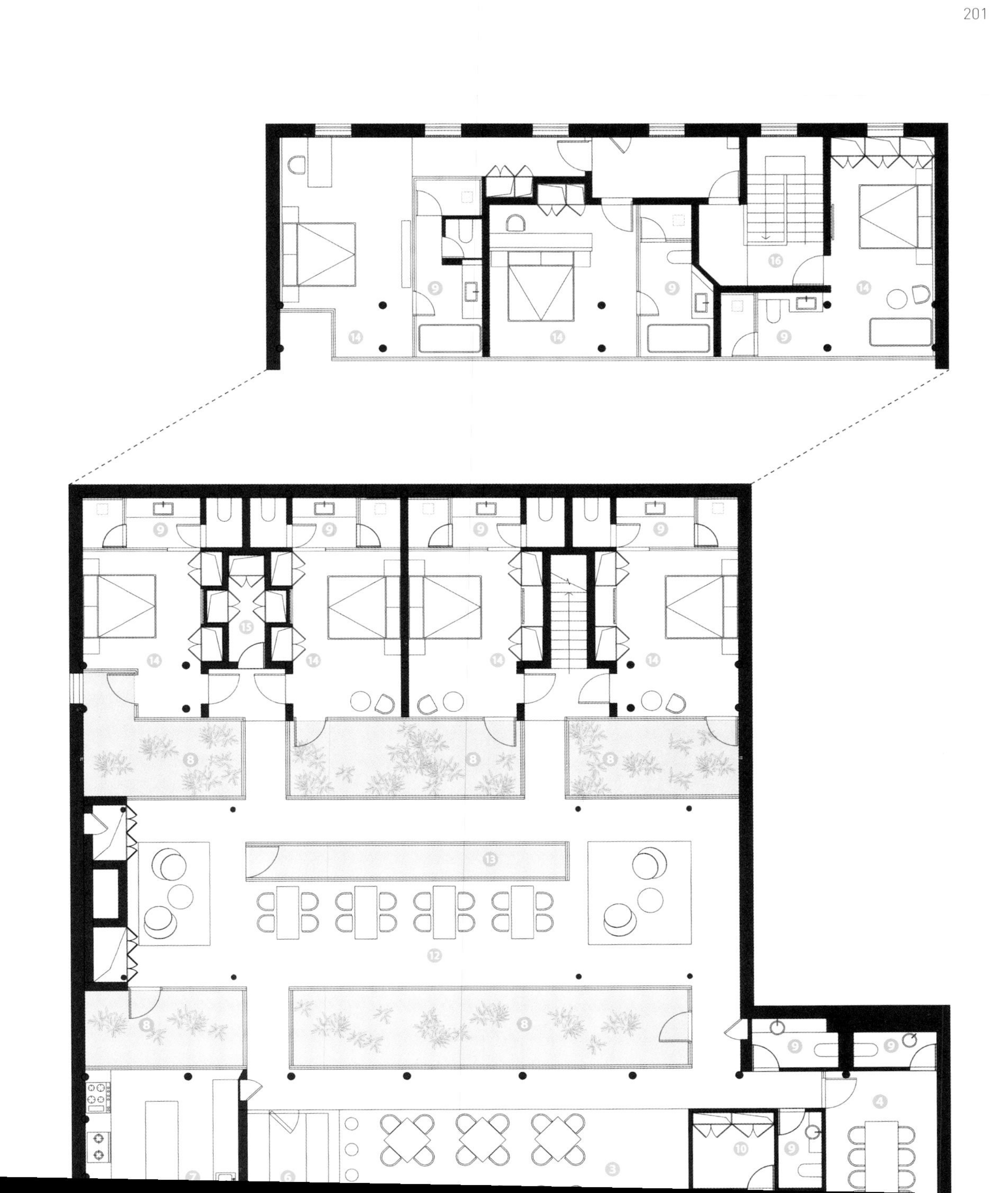

平面图

1. 主入口
2. 次入口
3. 餐厅
4. VIP 包间
5. 前台
6. 吧台
7. 厨房
8. 庭院
9. 洗手间

安特卫普港口大厦

这个标志性建筑采用继续向上延伸的改造方式，犹如从原建筑的内部庭院中冒出的“钻石”，与旧建筑形成了鲜明的反差。它闪闪发光，映现着流水与天空的多彩变化。新的结构参考了港口周围的环境，同时也与下面的老建筑一道，营造出了一种强烈的新旧并置之感。

建筑设计：

扎哈建筑事务所

建筑地点：

比利时，安特卫普市

建筑面积：

12 800 平方米

完工时间：

2016 年

摄影：

Hufton+Crow，蒂姆·菲舍尔

安特卫普市的老消防大楼因新的消防局大楼的落成而被弃用，但是因为其特殊的历史价值，市政府认为老建筑应该予以保留。这栋废弃多年的消防站经过改造，变成了安特卫普的办公总部，让曾经分散在城市各个角落办公的 500 名员工终于能够聚集在一栋总部大楼中工作。设计方案选择在原建筑楼顶加建新结构，使加建结构仿佛“漂浮”在原来建筑物的上方。加建结构的形状像船头一样，指向斯凯尔特河。

为了使废弃的消防局大楼与新项目更好地融合，政府建筑部门与港口当局组织了一次设计竞赛。中标的设计通过对现场和原建筑的历史分析研究，决定让原建筑向上延伸，而不是水平发展，以免遮挡老建筑的立面。其实老消防大厦的最初设计方案就是建造一座塔楼，这次的翻新设计方案也算是对原设计方案未实现部分的一种补偿。

新体块立面使用玻璃幕墙，呼应不远处港口的水面，如波纹涟漪，反射出天空变幻的色彩。三角形切割使平板玻璃拼合出建筑两端的平滑曲线，让建筑立面得以从南侧平整流畅的衔接转换至北侧波纹状的起伏。

虽然大多数三角形面板是透明的，但也有些是不透明的。这种组合意味着建筑师能够控制进入建筑物的光量。同时，透明和不透明面板的交替使用也在视觉上消解了新扩建一部分的体量。透明的部分还可以让人们

欣赏到斯凯尔特河、安特卫普城和港口的全景。新的体块如同一块精心切割的钻石，随着阳光强度的变化而呈现不同的视觉效果，完美地诠释了安特卫普的别称——钻石之城。

老消防大厦中心庭院的上空也被加上了玻璃屋顶，变成港口办公楼的接待区。访客可以从中庭走到由消防车大厅改建而成的公共阅览室和图书馆。楼内的全景电梯通过廊桥连接着建筑的新旧两部分，而在新建体量之中，人们可以俯瞰美丽的城市与延绵的港口。

尽管这种新建部分与历史建筑相结合的理念充满着挑战，但可持续发展的设计策略却深得人心。钻孔能源系统通过水泵将水从地下 80 米深的位置引入大楼，为遍布全楼的 100 多个地点提供冷热水。无水马桶设施和运动探测器减少了水能源的消耗，自动化的日光系统则使人工照明的消耗实现了最小化。

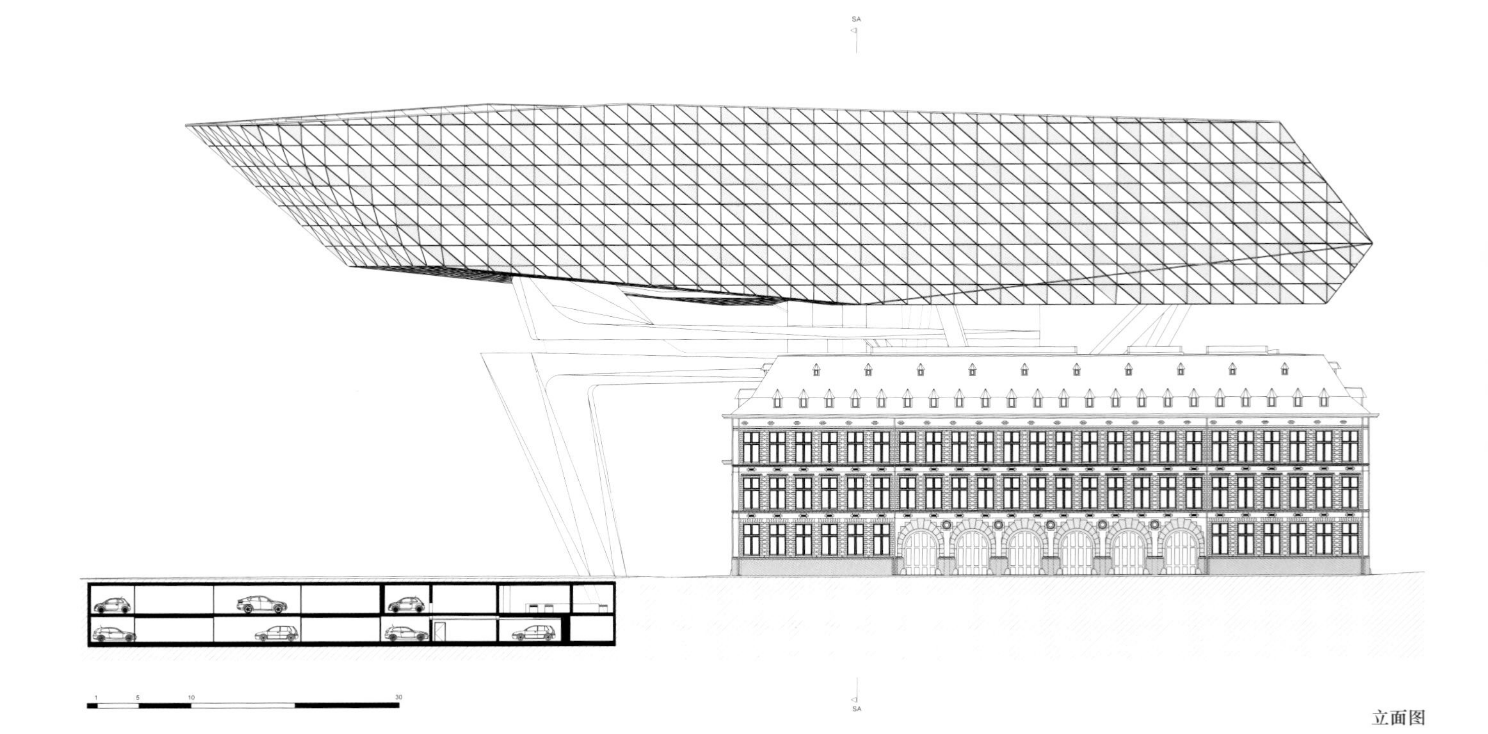

立面图

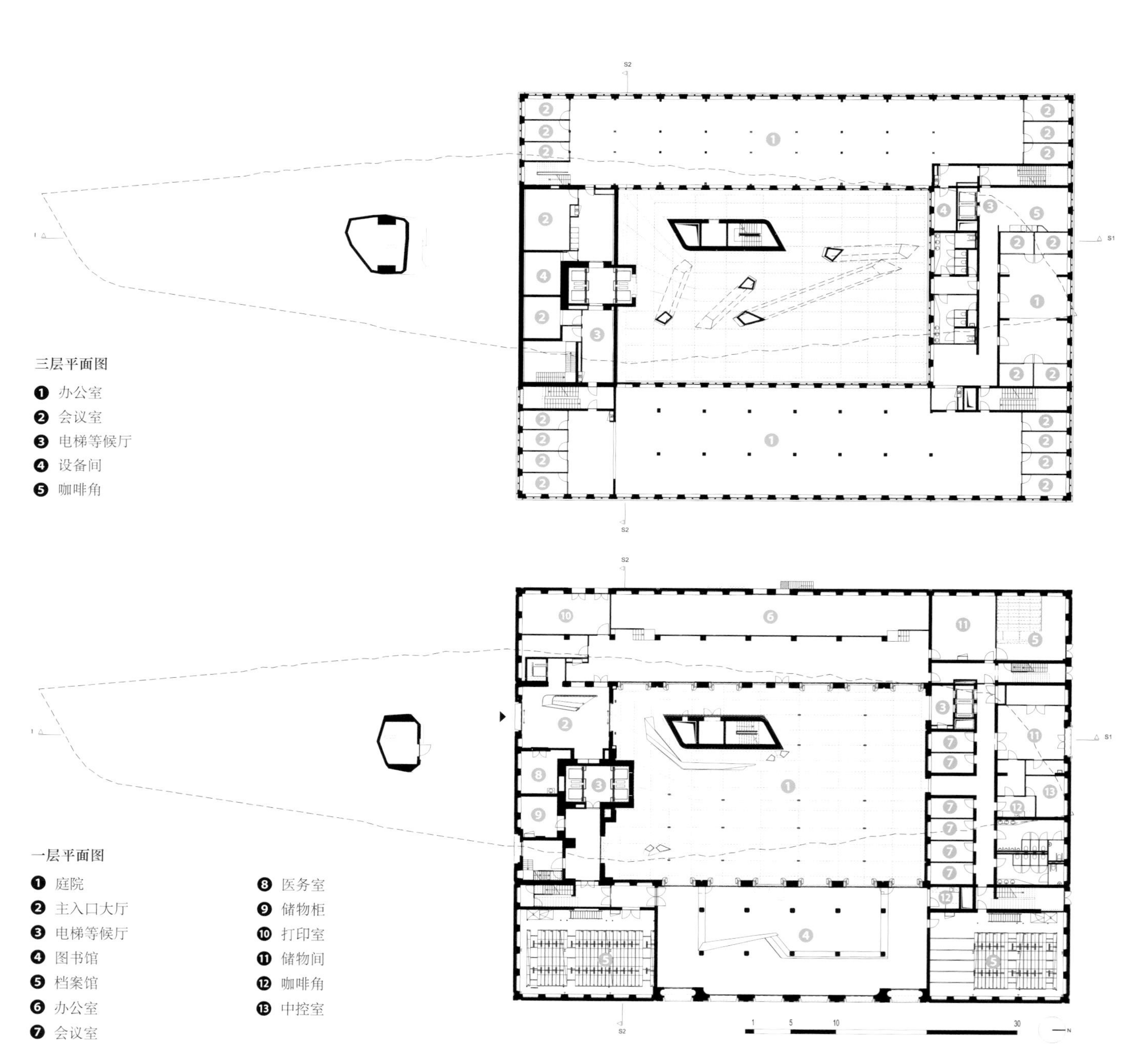

三层平面图

❶ 办公室
❷ 会议室
❸ 电梯等候厅
❹ 设备间
❺ 咖啡角

一层平面图

❶ 庭院
❷ 主入口大厅
❸ 电梯等候厅
❹ 图书馆
❺ 档案馆
❻ 办公室
❼ 会议室
❽ 医务室
❾ 储物柜
❿ 打印室
⓫ 储物间
⓬ 咖啡角
⓭ 中控室

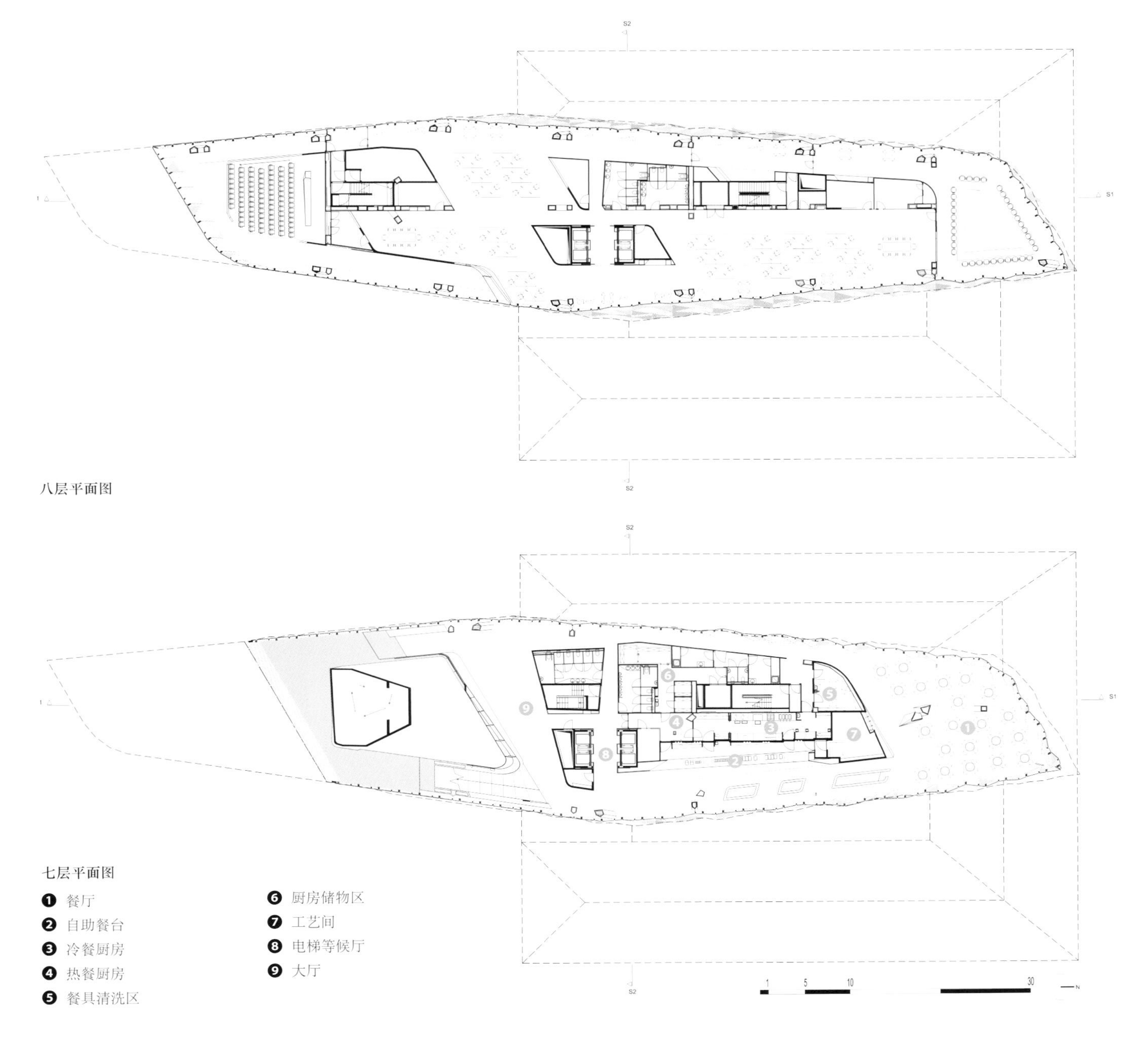

八层平面图

七层平面图

1. 餐厅
2. 自助餐台
3. 冷餐厨房
4. 热餐厨房
5. 餐具清洗区
6. 厨房储物区
7. 工艺间
8. 电梯等候厅
9. 大厅

策略
5

重建与扩建

重建与扩建策略比前四种策略更为全面，它可能会影响到现有建筑的内部、外部和结构。新的内部结构会延伸到建筑外面，并不同程度地显露出来。不管改造程度如何，现有的建筑特征都会有选择性地被保留下来。这种策略通常用于当老建筑被认为只有部分选定结构值得保留的情况。当现有结构不太适合新功能，或不够安全而不能被保留下来时，这种改造策略就十分必要。在这种较为激进的策略中，建筑师必须评估好新项目的需求和旧建筑的价值，确保老建筑不仅在现在而且在未来也能留存下去，即使改造的幅度比较大。这种策略的改造结果会比前几种更加明显。换句话说，它可以修改老建筑的特征，如翻新与插入，也可以增强设施和结构稳定性，如结构改造，其结果从表面上可能明显，也可能不明显。改造涉及的内容可以是结构的、空间的、美学的，或者是这些方面的组合。

当老建筑的结构或空间受损时，或者老建筑随着时间的推移而破败或遭遇诸如火灾等灾害之后，“重建”就是必要的。此外，为了满足新功能的要求，有时也可能需要“重建”。如果老建筑的尺寸达不到新功能的要求，那么老建筑就需要进行“扩建”或部分拆除的工作。采用这种策略时，建筑师必须明确建筑主体的价值，因为旧结构的某些方面可能需要被牺牲掉，被新的结构取代，以推动新项目。

老建筑中被视为神圣、不可修改的地方取决于老建筑的遗产价值和被保留的原因。如果老建筑具有重要的遗产价值，那么重建与扩建工作要尽可能地谨慎，以免损害原建筑的美学特征。改造措施可能包括谨慎而有选择地移除损害了老建筑完整性的增建部分，就像荷兰阿姆斯特丹国家博物馆的案例一样，而新扩建的部分一般追求与老建筑形成一种鲜明的对比。

尽管保留了历史悠久的、贯穿博物馆的公共通道，荷兰阿姆斯特丹国家博物馆大楼却将其入口变成了一个大的中庭，为游客提供信息站、导向牌、商店和小吃销售点等。这是通过拆除那些不具遗产价值的庭院增建部分后再进行空间重建来实现的。建筑师将通道下面的地下室打开以连接左右两侧的庭院。这种改造可以通过翻新与植入实现（策略2），因为新材料与旧建筑融合在了一起，尽管这些工作仅仅是在建筑基础部分进行的。然而，改造工作不仅扩大了原博物馆的游览区域，还通过引入小型展馆而进一步向外扩展，使这座历史博物馆建筑群中的现代元素得以展现。这里的重建式改造可以通过石灰石的独特运用来鉴别。该措施为建筑提供了坚固而统一的基础，在结构和美学上都是对建筑遗产的一种补充和支持。博物馆外的较小规模改造（即扩建部分）也是通过使用石灰石材料来区分的。石灰石与旧建筑的红砖形成了鲜明的反差。这些较小规模的干预措施也可以被解读成“内部并置”或“外部并置”，因为它们也可被视为一种“可移除的”部分。

通常情况下，城市环境的价值要高于单体建筑的价值。在这种情况下，建筑物的立面是要优先保留的。如果建筑物其他部分的结构或空间品质无法满足新预期功能的需要，则重建就变得十分必要。建筑可以作为城市环境中的一部分而发挥重要作用，如莱德曼古宅和克朗酒店，或者也可能是一个地标建筑，如芬兰奥卢谷仓住宅。无论哪种方式，它都将有助于展现一个区域的整体特征。在这两种情况下，对建筑物的改造需要进行更多的讨论，但只需要保留在城市尺度上很有价值的那部分。

在莱德曼古宅的案例中，政府认为面向北面街道的立面对邻近公共空间很重要，而房屋其余部分的重要性则被认为是可以进一步探讨的。因此，北立面被精心地保留了下来，以存续其原有的建筑特色，但是建筑师重建了一些结构性元素为立面提供支撑和加固，并且打开了南立面引入自然采光和街景。其重建部分采用了新的建筑语言，空间配置也适用于已经十分脆弱的老建筑结构。在这个案例中，重建工作从当地村庄的传统工艺中获得灵感，并用木材包层加以包裹。这种改造方法将老建筑转变成三座现代化公寓。这个项目即部分保护的结果——保留老建筑的同时也容纳了现代功能。

建筑师可以通过留存原来的材料和建筑语言做到遗产保护，例如荷兰阿姆斯特丹国家博物馆和莱德曼古宅项目，但是总有一些老建筑，其结构已经被破坏，不健全，如克朗酒店和谷仓住宅的案例，这就需要进行重建才能恢复其标志性的特征。

克朗酒店的改造工作就包括对火灾中被摧毁的外墙进行重建，以便保留它作为入口通往老城区的历史性角色。在该项目中，建筑师决定以一种忠于原作建筑语言的方式诠释已损毁的建筑外观特质，同时为住客提供现代化的体验、全景视野和充足的光线。这个改造是通过建筑师的几个设计决策来实现的。新建筑保留了原有建筑的体量。未被火烧毁的石墙和木材碎片也被保留了下来，并与新材料并列。引入了效果类似但不尽相同的窗户开口布置。混凝土材料取代了传统石灰石和石灰涂抹的墙壁。与莱德曼古宅项目不同，该项目采用了现代的材料对老建筑做了一定程度的“转译”，同时还保留了历史悠久的城市功能。

即使一座地标性建筑已经多余或者结构不健全，但拆除它仍然会引发人们的质疑，因为这类地标往往有着超出建筑结构本身的文化内涵。克服这种困境可能就得采取第三章中非洲当代艺术博物馆采用的办法，将结构以极大的代价进行加强以维持建筑的标志性价值。或者，建筑师也可以采用重建的策略来赋予老建筑新的功能，这样无须做出过多妥协就能保留住地标性建筑，就像谷仓住宅的项目那样。这是一种激进的方法，只认同其标志性的价值，而不重视旧建筑的材料。但是在重建过程中，建筑师还是采取了一些措施，以营造出那些已被拆除的建筑材料的质感。通过颜色和几何形状的对比，重建的建筑具有更明显的地标性。部分新建结构延伸到原来的外立面外，其笔直、黑色的外观与原建筑白色谷仓状外形形成鲜明的对比，即使从远处看，也十分明显。就像一部虚构的历史小说一样，这座建筑是对历史的现代表述，向人们讲述着哪些元素是历史的本真，哪些元素是现代的声音。

很明显，建筑遗产的价值与新项目的要求之间的关系经常能决定重建与扩建项目未来的特点。规划需求也可能从技术上需要进行重建与扩建。在办公空间 3.0 案例中，建筑师基于翻新与植入策略对内部进行了结构改造，通过规划改造和修改建筑特征，进行极简主义的表面处理，植入楼梯和天窗，为室内引入了更多的光线。这里的重建是技术性的，因此是无形的。它需要使用手机 APP 来控制温度、照明和空间里的其他智能 APP。为了使重建结构变得更为醒目，项目需要进行扩建，以展示此处技术革新型新工作环境的属性。建筑师将立面向外推到临街位置，将社交区域安置在一个钢架玻璃的盒子结构中。通过这种方式，重建结构就具有了可见性和公开性。

虽然历史建筑通常是因其建筑语言或设计而受到重视的，但一些老建筑却是由于其中体现的社会历史风貌而受到重视的。大溪老茶厂的重建就反映了两个功能的并置：品茗饮茶之乐趣与茶叶生产之艰辛。过去一直用来加工茶叶的老厂棚被重新利用起来并进行了扩建，以便在生产过程中也能为游客提供参观的空间。老厂棚的材料以其原来的样子呈现在大家的眼前。将老厂棚的历史风韵与品茶的享受时刻并置，连同户外的静水池这个很有禅意的庭院景致，都可以提升游客体验的空间品质。

遗产价值的另一面是老建筑的物质价值。在许多情况下，地理位置及其与市中心或著名景观的邻近程度都可能影响现有建筑的价值。即使没有重要的遗产价值，老建筑也许还有些值得保留的建筑材料和结构及其物化能。美国岩石溪砖建筑就是一个这样的典型案例。此项目的改造工作推动了建筑边界的扩展，实现了新旧部分的对话。它可能是对建筑现有部分进行最少留存的最为极端的案例了。重建只保留了原来的占用空间和砖墙部分，但将旧的建筑语言完全转化为抽象的现代美学。其遗产价值更多地在于砖墙中的旧材料以及市中心的可达性，还有就是邻近周围景观的地理位置。建筑师将新旧部分无缝融合在了一起，既消除了旧结构的印迹，又充分利用了它原有的功能。虽然大量的窗户开口被保留下来，但这些开口却不再具有属于原设计语言的对称和有序的特点。相反，它们体现一种新的秩序，并构成了外立面组合的一部分，以各种方式将周围景观体验带给居住者。建筑南侧的花园立面与景观的连接至关重要，所以项目采取了更为激进的重建策略，对旧砖墙进行了额外的结构加固。重建不仅改变了立面的建筑语言，而且改变了建筑内部的空间逻辑，不再与原先隐藏的服务空间分层。建筑师通过改造地下室和阁楼来扩大现有建筑外壳内的家庭空间，从而为居住者提供更宜居的房间，并增加了新的楼梯连接各楼层。

在重建与扩建中，老建筑的新功能在新旧部分间的对话中起着关键作用。在这种策略中，老建筑有价值的属性，如历史性与社会性、物质性与标志性，与新项目要求，如空间、结构、技术之间具有一种张力。

荷兰阿姆斯特丹国家博物馆

改造恢复了庭院空间的原始尺度，以适应这座博物馆的规模。建筑师使用了天然石灰石等传统材料，将对照和反衬引入了现代的建筑语言，把建筑的新旧部分统一为一个整体。入口路径下方东西侧庭院建立的联系重新连接起了老建筑原本相对独立的部分。

阿姆斯特丹国立博物馆是由荷兰建筑师皮埃尔·库贝（Pieter Cuypers）于19世纪晚期设计的。这个建筑有着双重身份——国家博物馆和进入阿姆斯特丹南部的门户。

作为连接着北部老城区以及南部新区的门户，这座博物馆的使用一直充满着挑战。一条南北向的通道将建筑一分为二，因此建筑也就有了两个入口（皆朝向北方）和两座主楼梯。这意味着博物馆只有二楼是一个整体空间，一楼和地下室的东西侧均是相互分离的。

该建筑在20世纪曾经历过多次改造。出于对展览空间的需要，一些庭院中修建了新的展厅，这使得建筑内的自然光越来越少，也令空间变得更加错综复杂，不易辨认正确的方向。在那个年代，博物馆常有功能不全的情况出现，例如主厅无法为大量的参观者提供充足的空间，并且缺乏信息站、商店、咖啡厅、礼堂等现代博物馆常见的服务空间。此外，庭院和展廊空间也缺乏合理的尺寸和布局。

项目恢复了展览空间和庭院的原始尺寸，并且设计了一个宽敞的中央大厅，连接建筑的东西庭院。中央大厅为游客提供一切基本的服务设施。游客从入口路径进入主厅之后，便可通过主楼梯到达各层空间。

建筑设计：
Cruz y Ortiz 建筑事务所
建筑地点：
荷兰，阿姆斯特丹
建筑面积：
3000平方米
完工时间：
2013年
摄影：
佩德罗·佩格诺特，米拉·玫，Rijksmuseum，杜乔·马拉甘巴

南立面

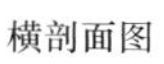

横剖面图

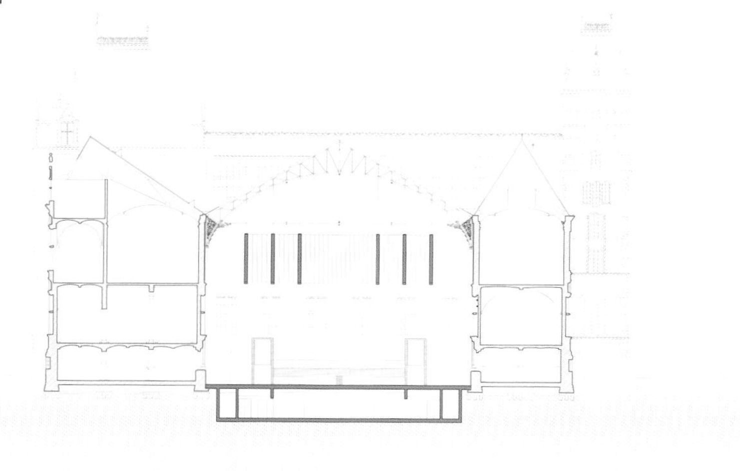

新建的空间使用了有别于其他区域的天然石灰石。设计师通过对照和反衬的方式将建筑的新旧部分统一为一个整体。花园中新修的两个小型建筑也使用了相同的材料。

纵剖面图

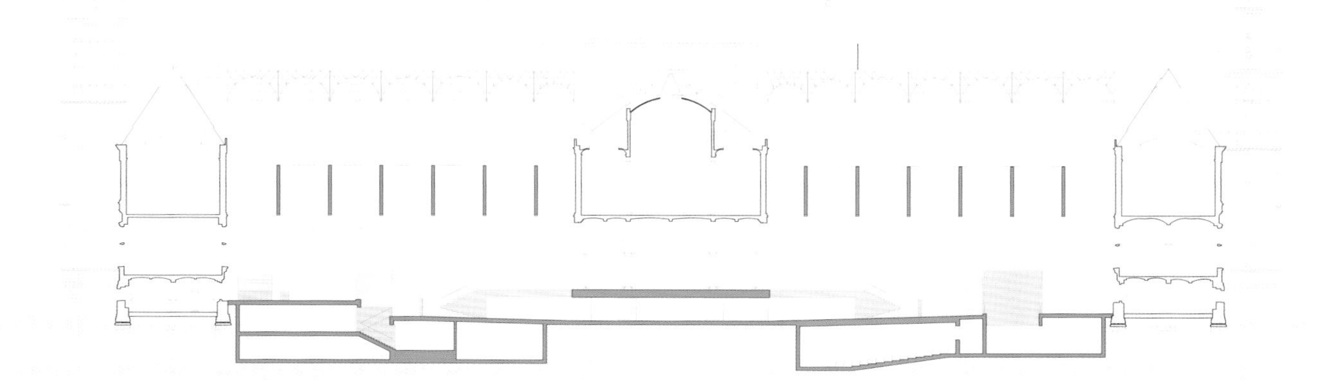

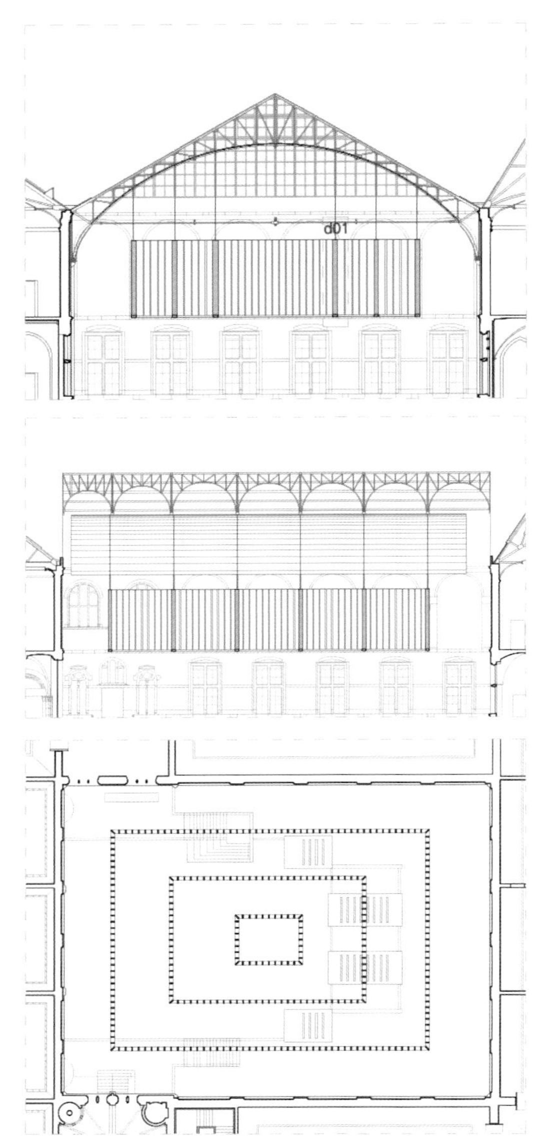

枝状吊灯细节图

Cruz y Ortiz Arquitectos

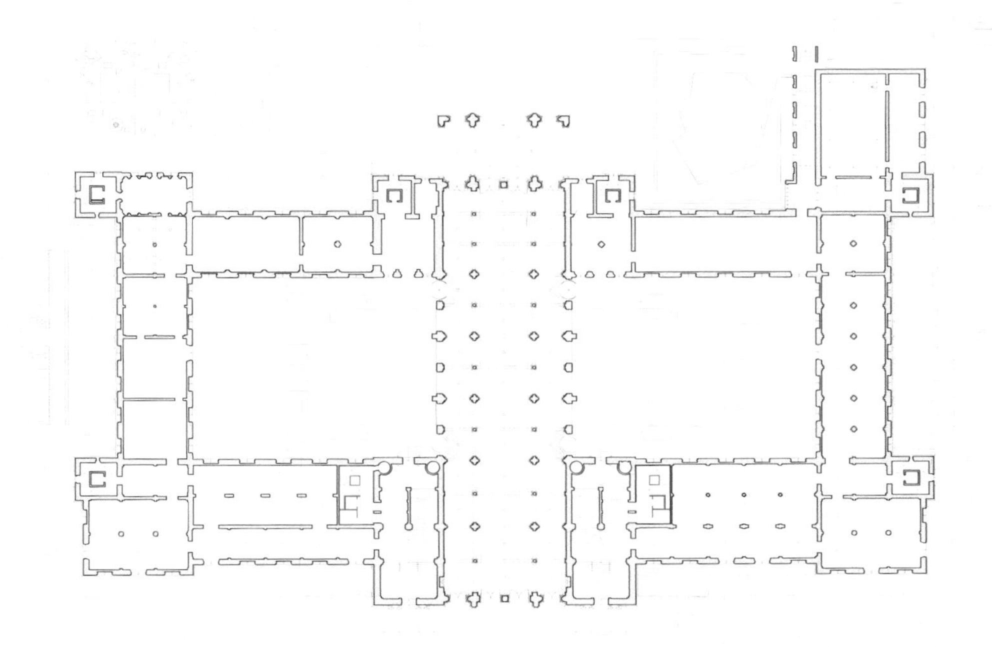

二层平面图

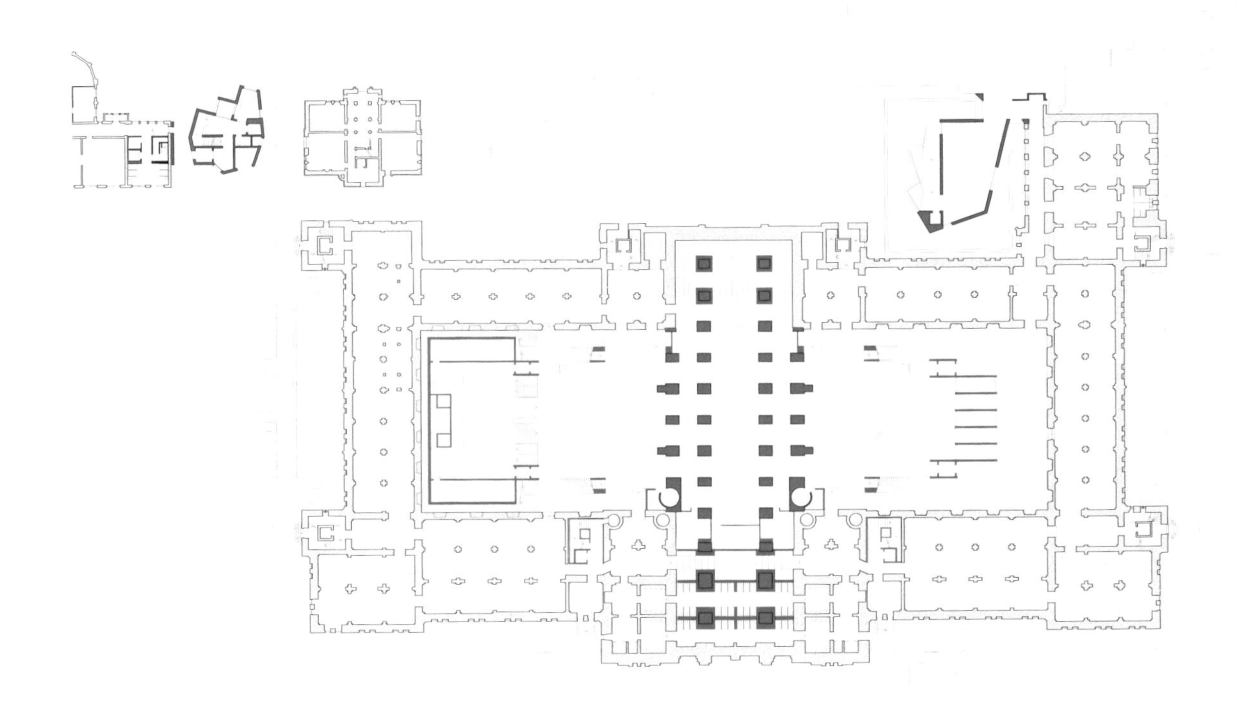

一层平面图

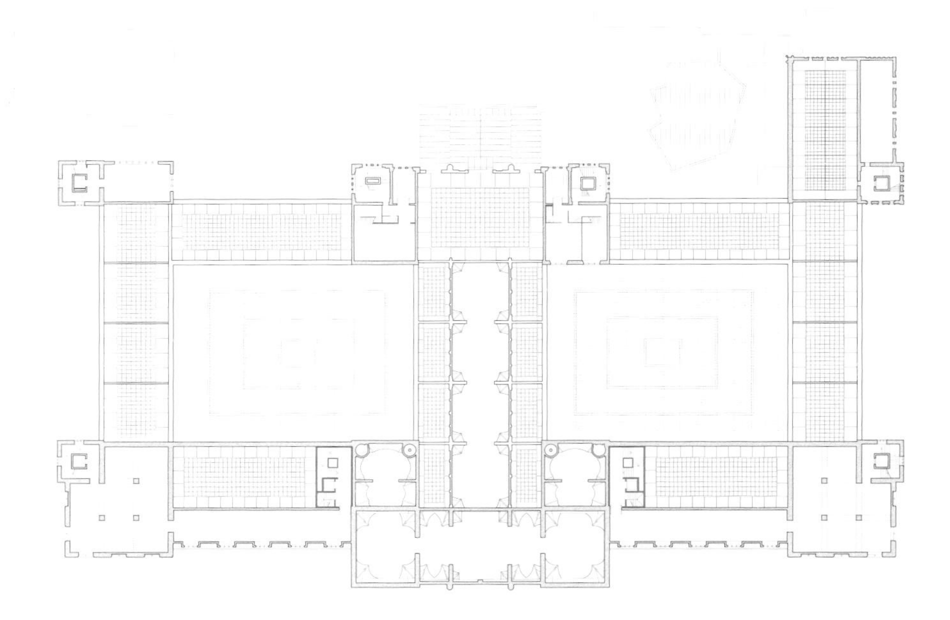

四层平面图

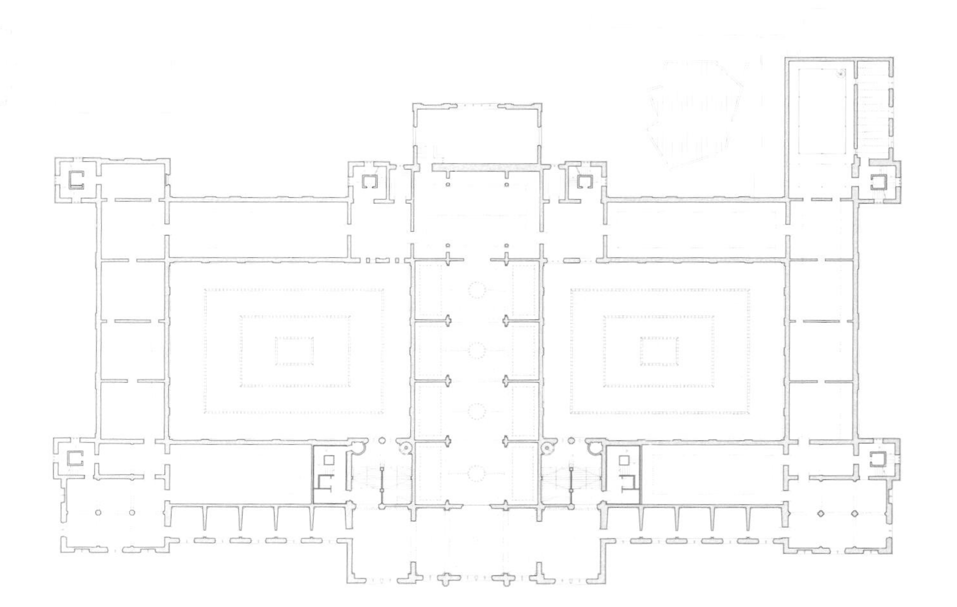

三层平面图

莱德曼古宅

项目将三个现代的、光线充足的公寓插入到原来的建筑之中，以保护脆弱的临街立面。建筑的外表用灰杉木覆盖，是对瑞士传统乡村建筑和建造工艺的现代诠释。

中世纪的雷根斯伯格还是一座小镇，拥有独特的地理位置、历史和文化。历史悠久的市中心包括 1244 年建镇时的城堡所在地奥伯斯伯格和毗邻的安特斯伯格。凭借其在 Jura 山脉东部山麓的独特位置，雷根斯伯格地区拥有俯瞰苏黎世城市延伸至阿尔卑斯山脉的壮美景色。

莱德曼古宅是一栋两层楼高的半木结构建筑，位于安特斯伯格的南面山坡，是雷根斯伯格地区众多的历史建筑瑰宝之一。可惜由于多年来结构上的损坏和不当的修复方式，建筑物的不良状态已经不能通过简单的翻新工作改变，所以一次大规模的改造已无法避免。建筑师与政府和城镇景观保护委员会讨论之后，决定拆除部分建筑并根据原有体量重建。被列入历史文物保护名单的两个半木材立面和拱顶地窖将被保留。最终，三栋现代的多户住宅被安置在这个充满历史痕迹的建筑外表里。

建筑的北立面面向城镇街道，是掐丝式桁架结构墙体和框架式窗户。北立面是小镇的重要历史记忆。建筑师顺着倾斜的地势在开阔的南面加建了一层，这里可以看到令人惊叹的瑞士美景。两个立面在比例、光线和材料上都营造出了一种强烈的反差。

一些小房间内采用全木条覆盖墙面，既营造了一种宁静平和的氛围也保留了该地区的历史记忆。围绕这些小房间分布着白色调的大空间。大空间采用大开窗设计，向人们展示着迷人的远景。随着楼层的上升和层高

建筑设计：
L3P 建筑事务所
建筑地点：
瑞士，雷根斯伯格市
建筑面积：
469 平方米
完工时间：
2015 年
摄影：
萨布丽娜·雪亚

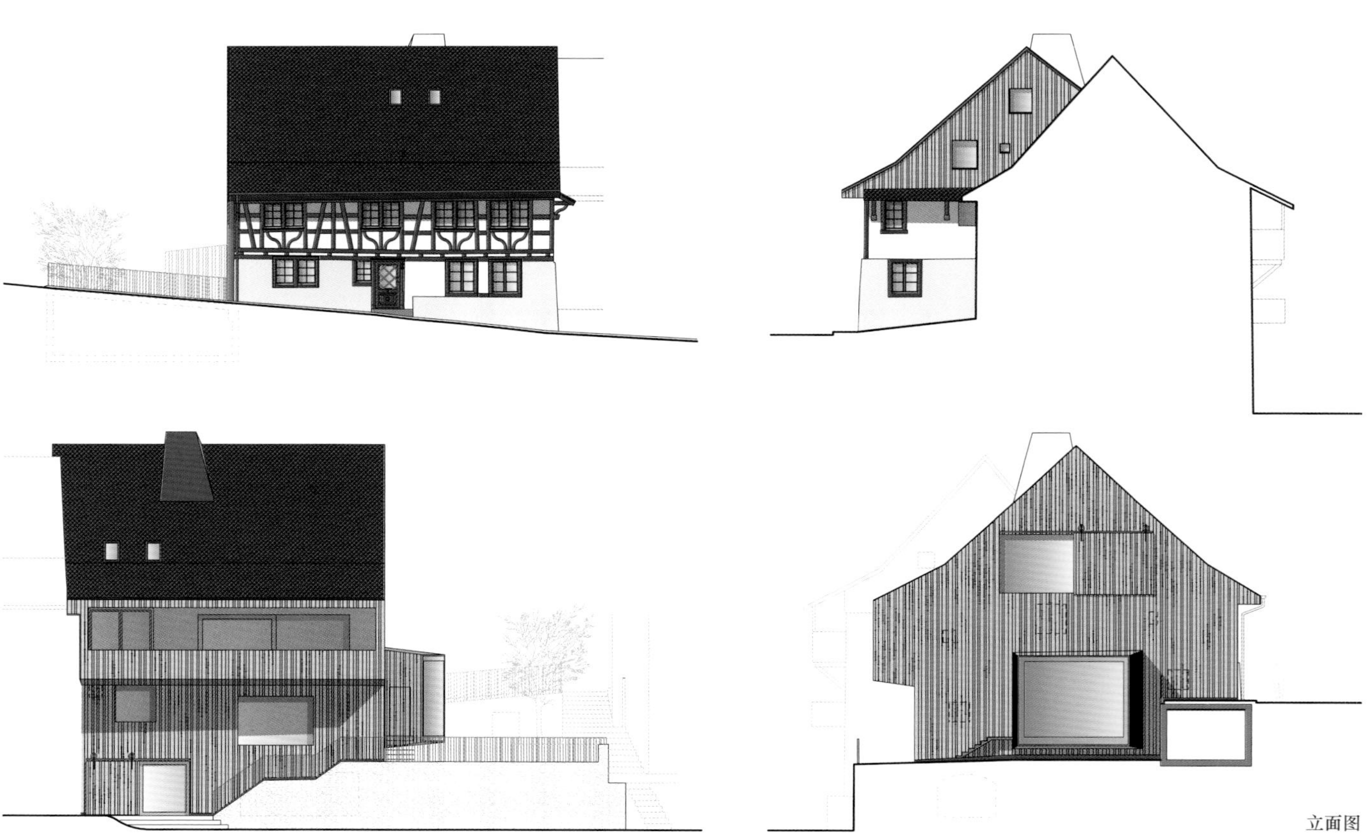

立面图

的变化，房间里的景色与光线都在不断变化，人在其中就像经历了一次三维空间的旅行。

对于建筑立面，新旧之间的对比也得到了清晰地展现。新立面由灰云杉木包裹，与保留下来的旧立面相互呼应的同时也重塑了原建筑的体量。阁楼上的壁炉，悬挑式的窗台和推拉门都融合了瑞士民间的建筑风格，建筑的外表皮也做了重新处理。半透明的木板饰条具有不规则的花样，属于乡村建筑的风格。新的建筑立面仿佛化为了一个精致的包层，在室内产生有趣的光影。

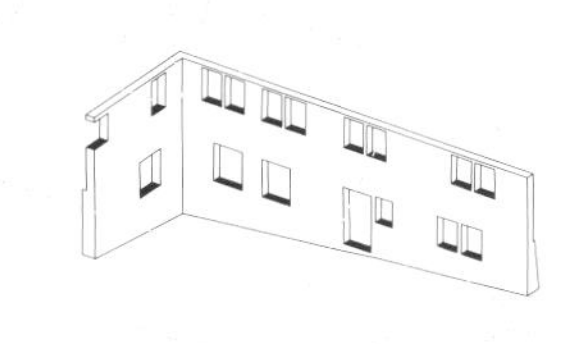

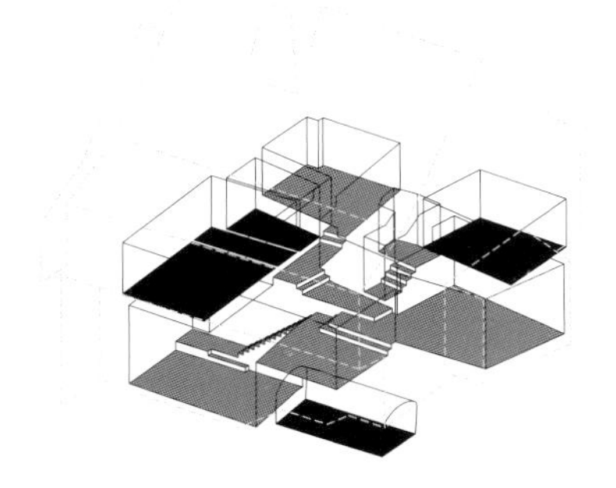

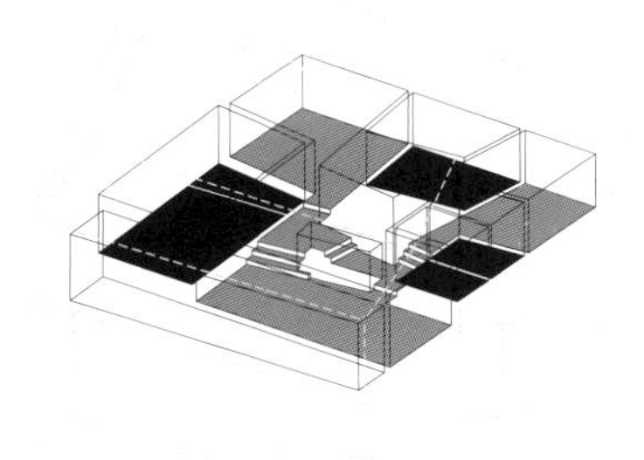

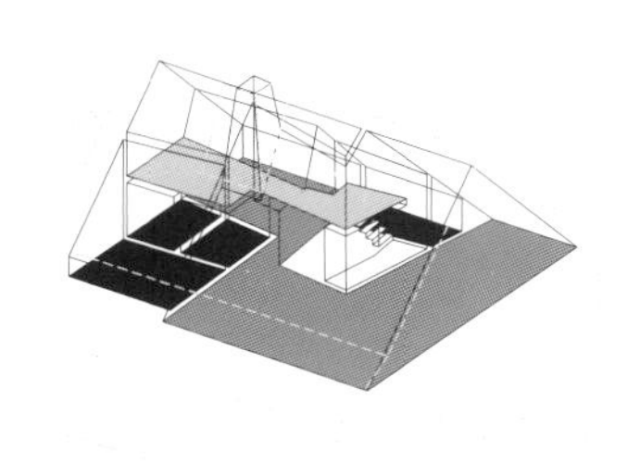

房间分解图

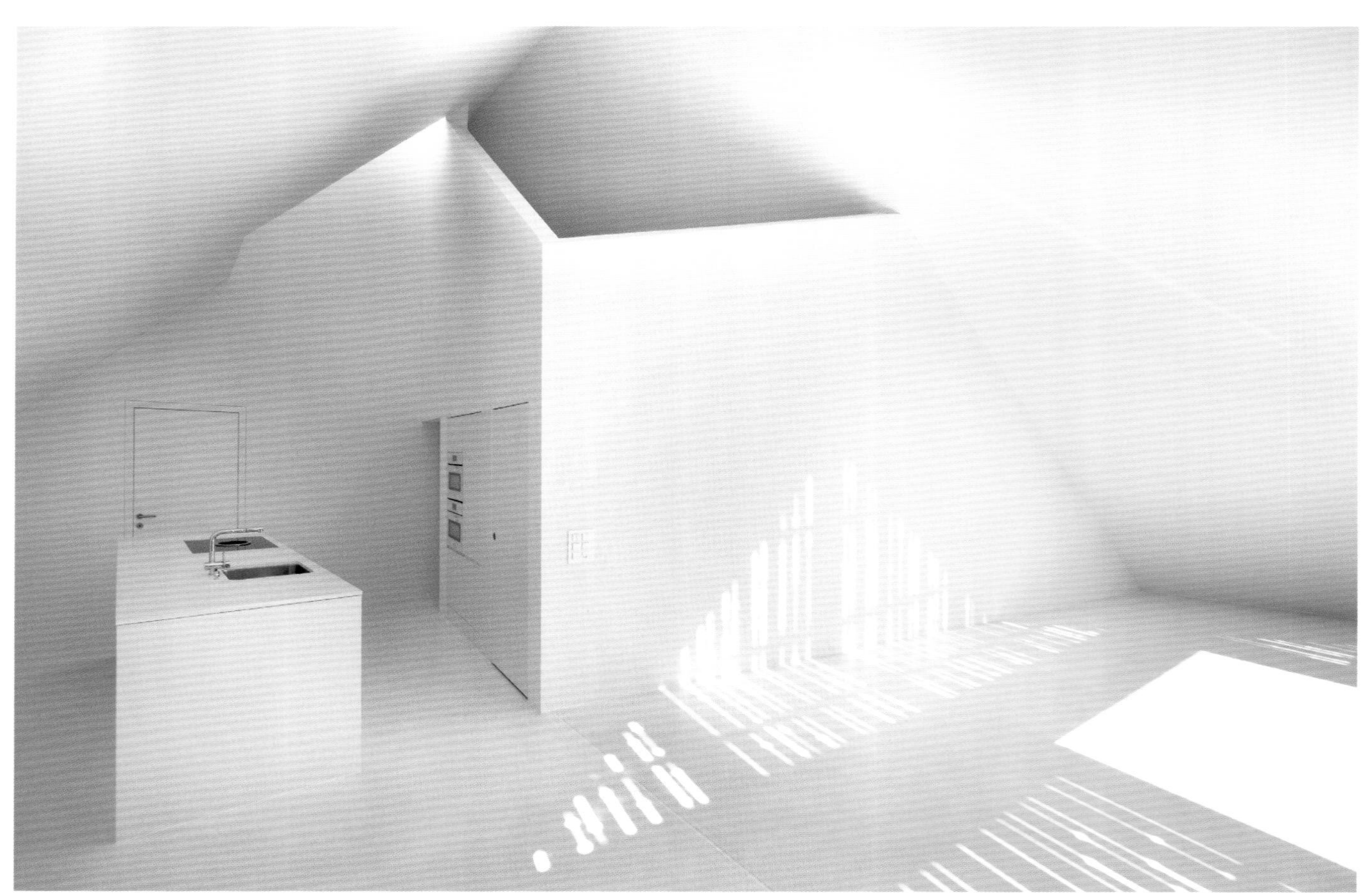

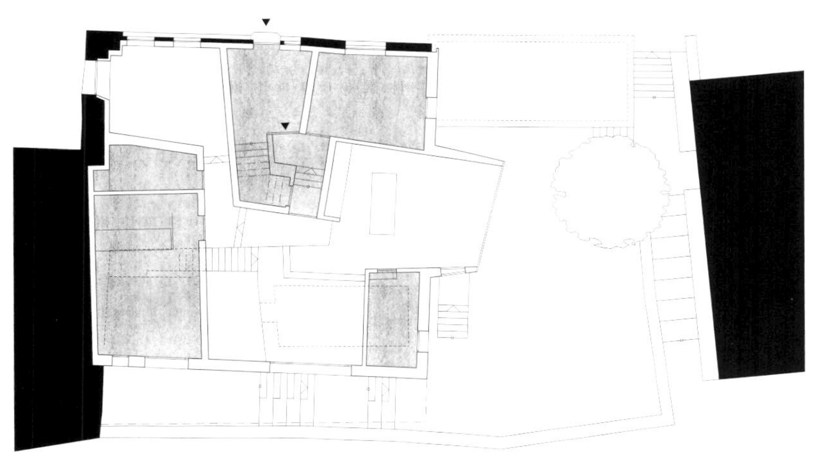

一层平面图

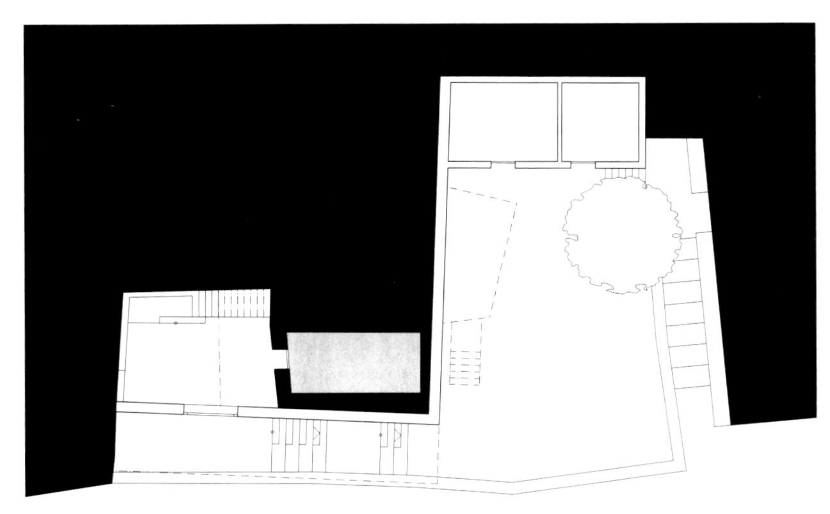

地下室平面图

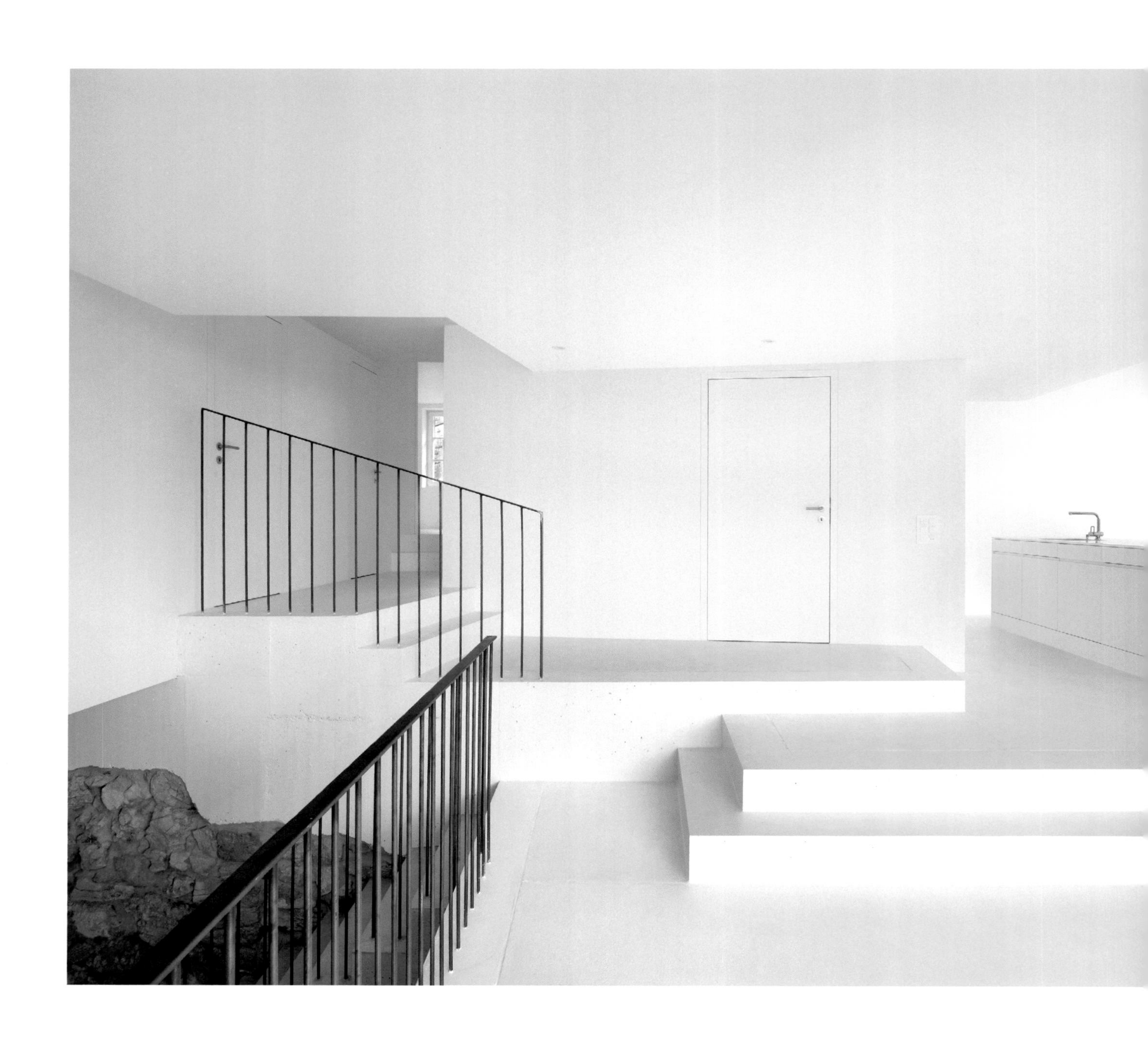

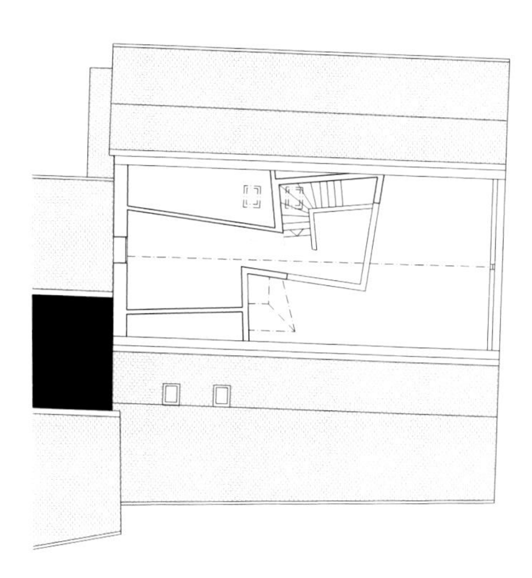

走廊平面图

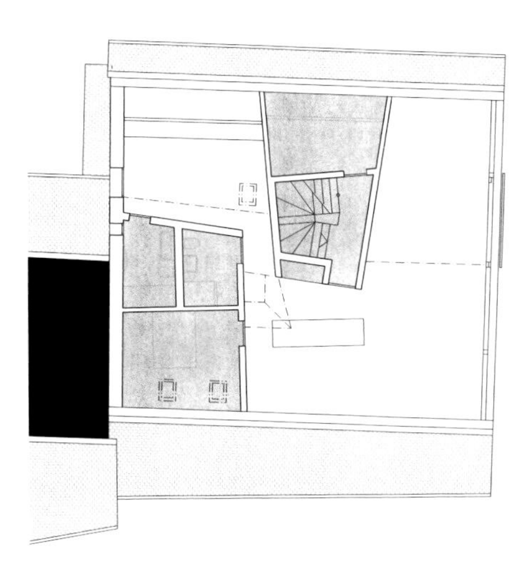

阁楼层平面图

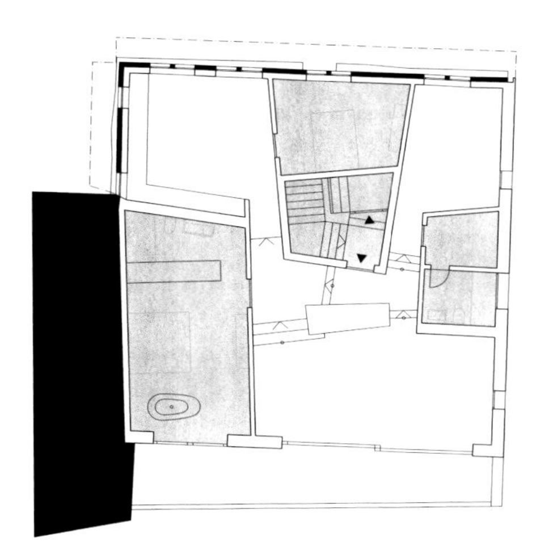

二层平面图

克朗酒店

这座因火灾受损的建筑必须在原建筑残留的结构基础上改造。模仿老建筑的新外观是对原来建筑的回应。这使得这座经过重建的建筑与悠久的历史环境和谐地融为了一体。

克朗酒店曾是一家传统的小客栈，有着数百年的悠久历史。1997 年，这家客栈停业并被改建成两个住宅。2011 年，一场火灾烧毁了这里 85% 的建筑。克朗是奥伯堡环形城堡的唯一入口，这个重要的位置要求设计师谨慎选择改造策略。

建筑被再次改造为酒店和餐厅。原来的建筑体量和屋顶形状必须保持不变，以免破坏整个环形城堡的建筑风格。然而，在形式上、技术上和物料上，建筑师还是希望能明显地展现出一些现代建筑文化。该市大部分地区的历史建筑都是用石灰石建造的，建筑师决定用这种基本材料配合混凝土建造新的立面部分。

历史悠久的石灰墙和现代混凝土外立面形成的精细网格营造出了一种令人兴奋的视觉效果。窗户的窗框是抛光黄铜材质，长达 7 米的大型全景窗被这些薄条窗框所分割。在内部，这些窗框过滤了部分日光，从外面看，窗户有着非常精致的外观。

建筑设计：

L3P 建筑事务所

建筑地点：

瑞士，雷根斯伯格市

建筑面积：

500 平方米

完工时间：

2015 年

摄影：

萨布丽娜·雪亚

立面图

室内设计的基本特色也是新旧建筑元素的对比。项目保留了火灾后幸存的部分，以及石墙和木质结构，可以让人感受到原建筑的坚固性，但新的公共空间以及整个房屋的主要入口又都是光亮整洁的现代化风格。通往客房的走廊墙壁是石灰石材质，但客房却采用了时尚现代的建筑材料。

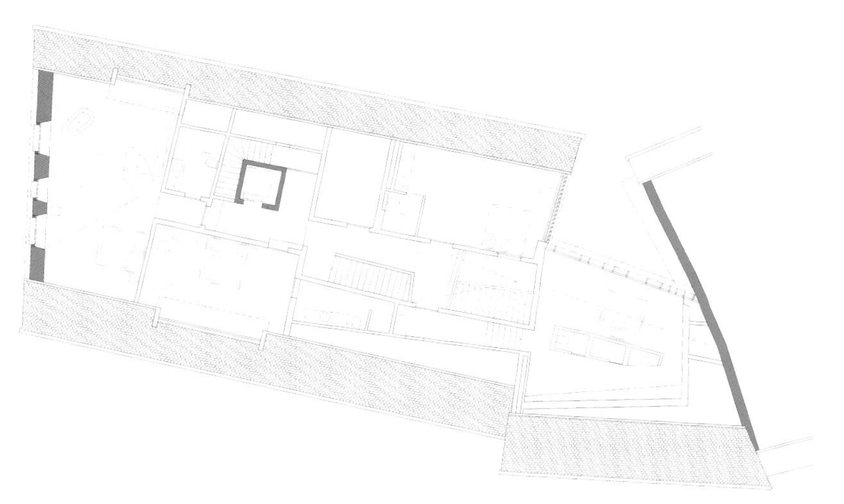

阁楼层平面图

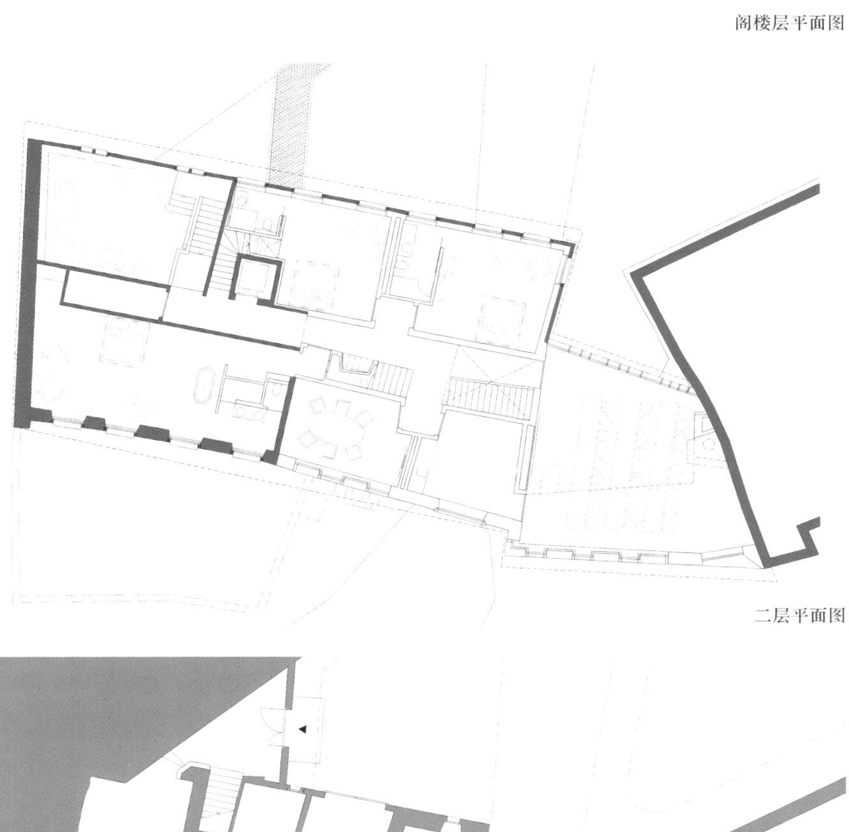

二层平面图

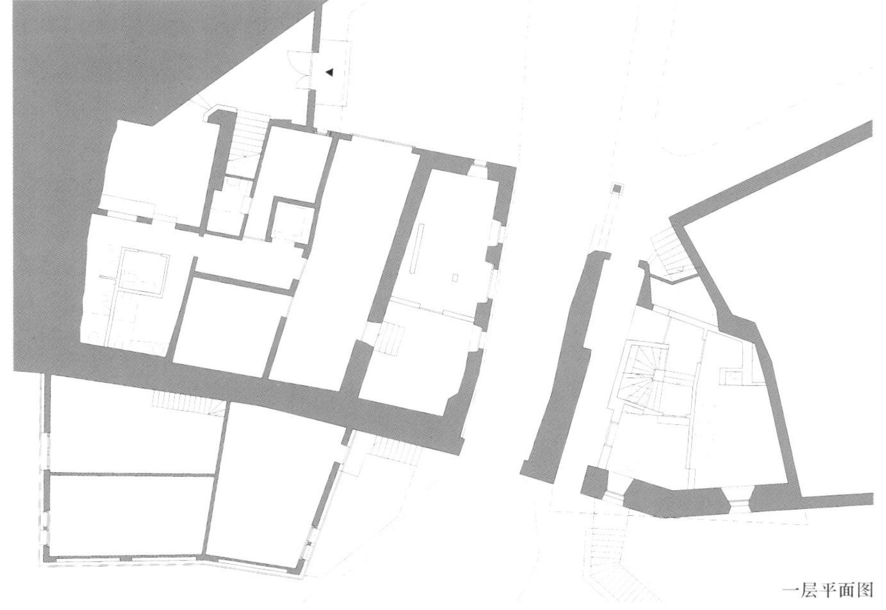

一层平面图

谷仓住宅

从周围建筑中收集的材料使得这个历史悠久的谷仓外表得以恢复，同时隐藏的隔热层也使原来的内饰部分保留了下来，清晰可辨。新的元素，如各种家具，巧妙地插入到内部巨大的体量之中，而精心设计的开口位置则提供了与周围景观的连接。

芬兰奥卢市的 Toppilansalmi 区有一排中世纪建造的柱形谷物筒仓，是片区内的标志性建筑。现在，这座谷仓重获新生，被改造成了一座具有现代感的住宅建筑。大多数旧建筑物由于年久失修而不得不被拆除，谷仓作为其中一员也早就不再用于存储粮食了。根据城市规划的规定，本次项目对原有的外部筒仓部分进行大量改造，但尽可能保留其原有的美学特征。建筑内部布置了各种各样的户型，从智能的单卧室公寓到新型的 LOFT 公寓，再到三层的 LOFT 公寓应有尽有，总共有 95 个公寓单元。

建筑总共有 13 层，其中第一、二层由新式 LOFT 公寓组成，这些单元房内均设有 5 米高的开放式起居厅。另外七层的公寓房间拥有 3.2 米的空间高度。整栋建筑都安装有大面积的窗户。全高的落地玻璃窗让阳光照入室内，再经由墙壁漫反射到房间深处。窗户和玻璃幕墙的设计是与制造商紧密合作完成的。大家的共同目标都是创造出一种全新而独特的东西，让视野尽可能地通透，同时具有一定的实用性。

公寓使用的清水现浇混凝土表面与该地区原有的工业环境相适应。走廊的工业设计风格结合了当代设计策略和材料，营造出了一种独特的酒店式氛围。筒仓的圆形区域被设计为不同大小的阳台。阳台上的窗户采用金属细格栅加固。金属格栅延续着筒仓的圆形形状，并保持房间一定的私密性。金属细格栅会阻挡掉部分的直射光，但格栅杆间隔也足够大，不但能让阳光照射进来，还可以提供户外的自然景观。

建筑设计：
PAVE 建筑事务所
建筑地点：
芬兰，奥卢市
建筑面积：
7700 平方米
完工时间：
2014 年
摄影：
阿诺·德·拉·夏佩尔

一个长方形的黑色增建体量扩大了筒仓结构。增建结构的现代性立面上采用了黑色和灰色的反射玻璃，搭配一些有颜色的凸出平台，呼应了庭院里的色彩元素。庭院为建筑提供了美丽的景色，同时其色彩鲜艳的消防通道和周围精致而具有对比性的材料创造出一个令人真正难忘的空间。在这里，代表着三个不同时代的建筑体量在彼此之间形成对话关系并将自身特点充分展示出来。这种半成品状态的公寓十分受欢迎。这种方式在新家最后的布局、固定装置和饰面装饰等方面给了业主更大的自由度。

剖面图

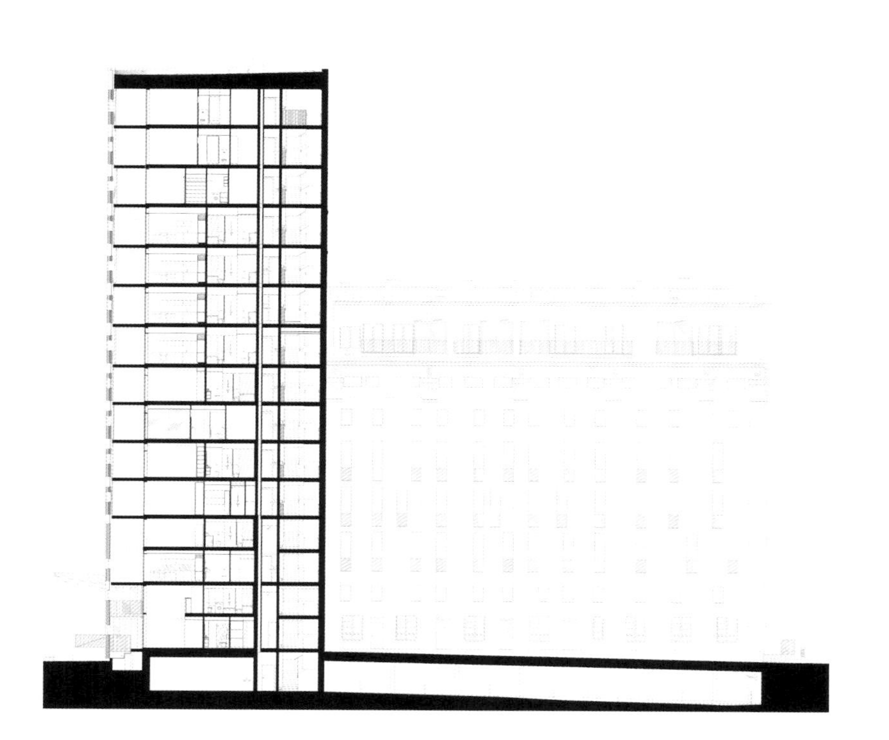

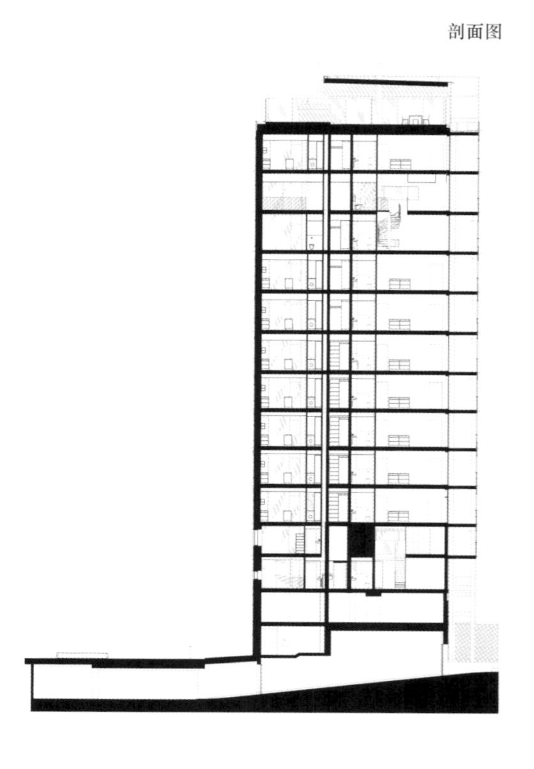

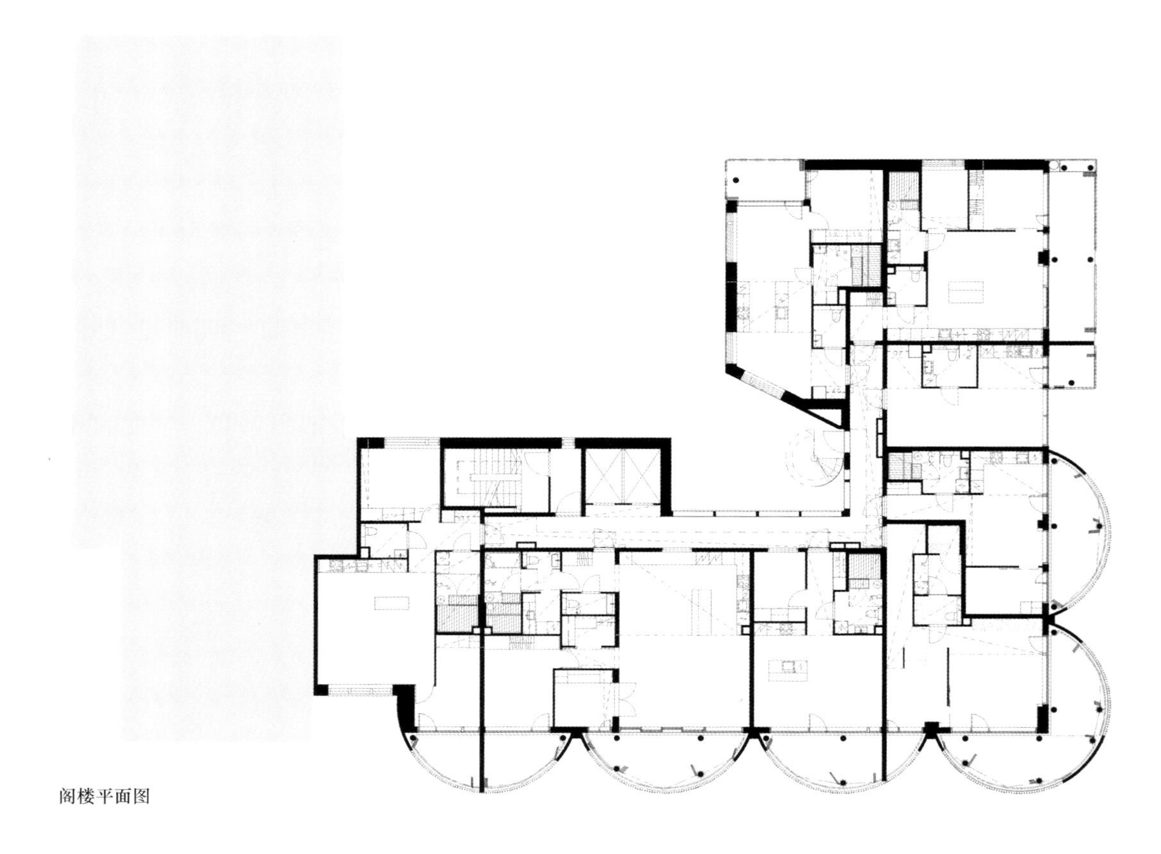

阁楼平面图

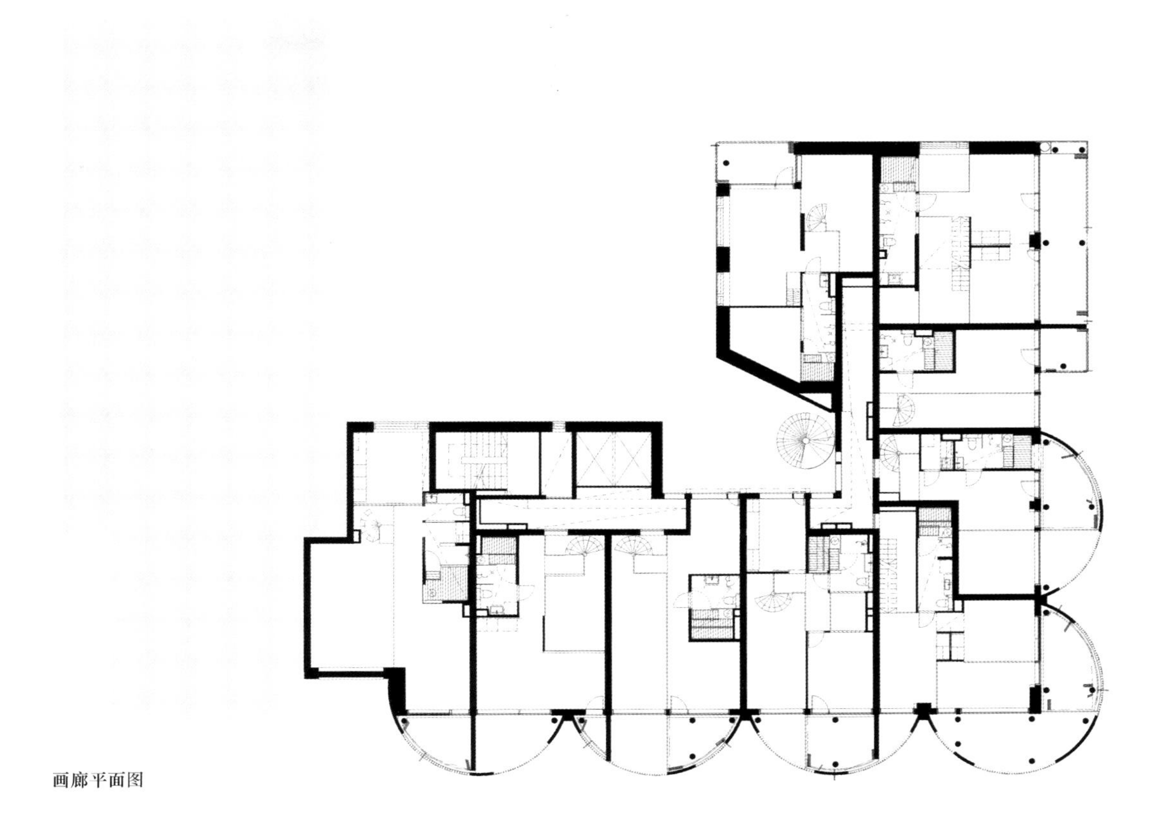

画廊平面图

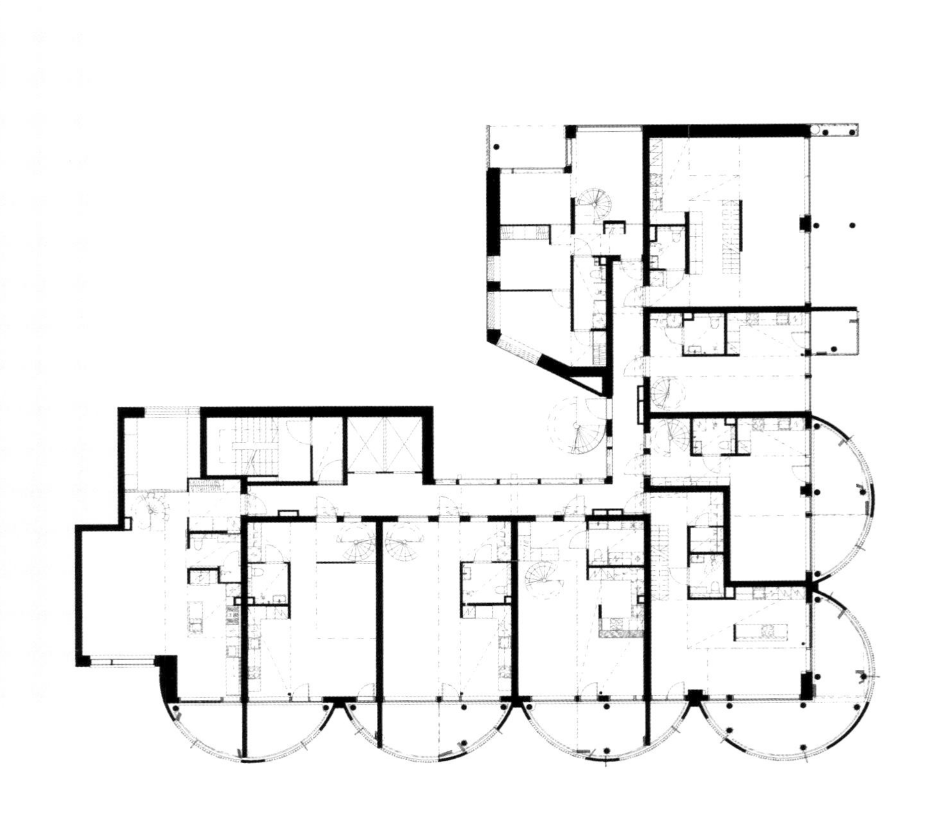

标准楼层平面图

办公空间 3.0

建筑设计：
Carlo Ratti 建筑事务所
建筑地点：
意大利，都灵市
建筑面积：
3000 平方米
完工时间：
2017 年
摄影：
贝佩·加尔迪诺

项目通过一个突出的玻璃建筑体向公众展现了一个高度技术化的改造。人们由此可看到一个通过现代温控、光控技术进行环境调节的未来办公空间的形态。

该项目是将一座位于意大利都灵市的 20 世纪老建筑（阿涅利基金会总部）翻新为一个可以通过 APP 控制的先进的办公空间——办公空间 3.0。这样的革新为人们提供了办公空间未来可能的形态。改造后的阿涅利基金会总部，规划了一个 3000 平方米的共同工作空间，并开创性地采用了个性化的温控、光控等新型技术。这是一种能跟随建筑物内部人员活动而进行调整的“环境气泡式”控制系统，可以为人们提供更好的舒适性，同时又能减少能源的浪费。

设计师希望这座翻新的建筑物具有包容性。这个理念延伸至建筑内部的各处，使得各个空间之间有了新的联系。物联网传感器遍布在建筑物的各处，可以监控不同的信息数据集，包括空间占用水平、照明情况、二氧化碳浓度和会议室状态等。基于这些信息，建筑管理系统（BMS）可进行动态响应，实时调整照明、供暖和房间预订等。实时的信息还可以促进人们的“偶遇”——通过在物理空间内无缝集成的数字技术，该设计可以使人们和他们所处的建筑建立起更好的关系，促进互动性和创造性。

除了控制温度和照明，用户还可以通过手机 APP 预订建筑物内的空间和设施，大至会议室，小至公用办公桌。由于 APP 可定位用户的位置，它会根据距离和可用性来建议用户选择合适的工作空间。

在其他的设施配置方面，建筑师热衷于开辟融入城市环境的办公空间，在一个突出的玻璃建筑体中设置了一个咖啡馆，将其作为一个吸引过往行人的元素。从远处看，这个建筑体仿佛漂浮在大量的灌木之上。

剖面图

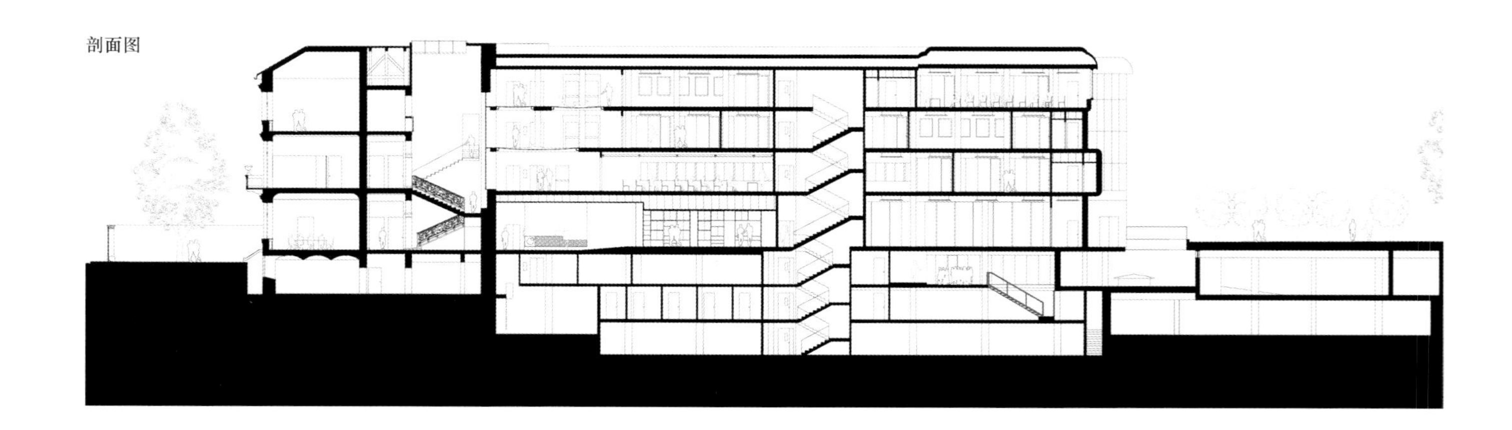

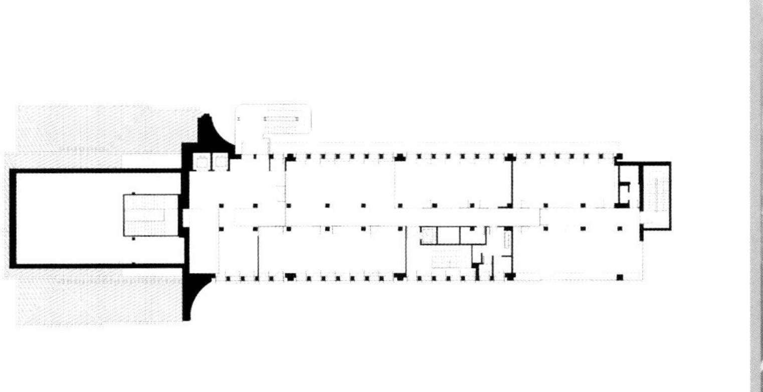

四层平面图

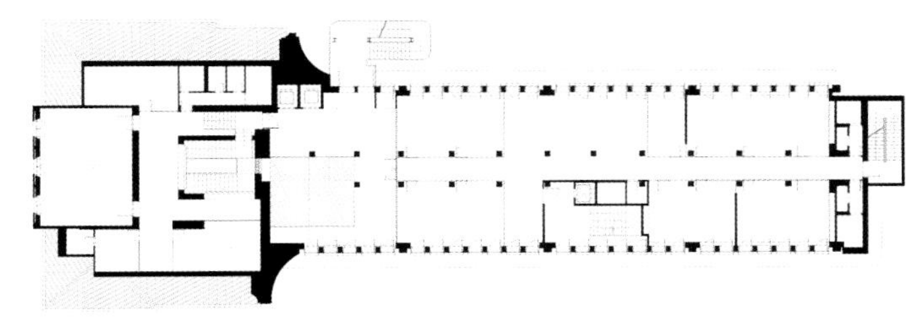

三层平面图

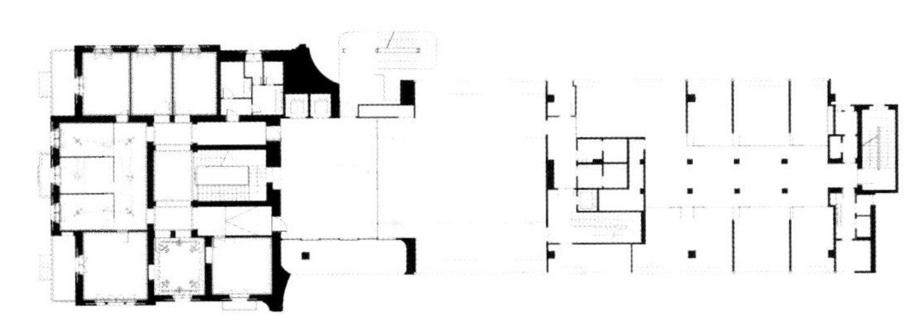

二层平面图

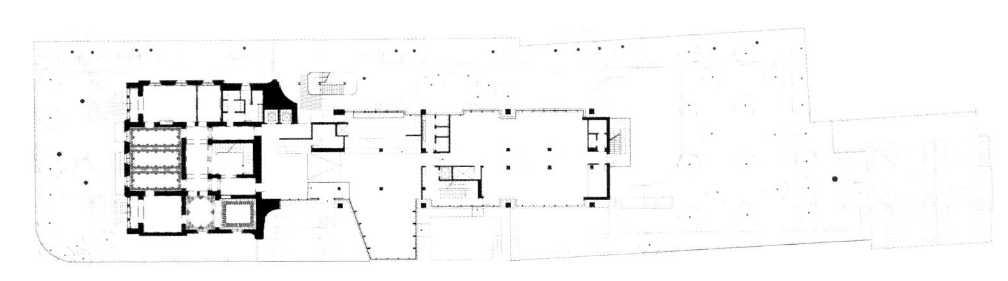

一层平面图

大溪老茶厂

该项目重新将饮茶的体验置于这个经过精心改造的环境之中，以响应不断发展的、更为现代和健康的赏茶、饮茶方式。该建筑将工厂美学与传统文化相结合，营造出一种具有现代感的茶文化氛围。

大溪老茶厂坐落在台湾慈湖附近的一座山上。这个茶厂由砖和柏木桁架构成，是在被日本占领期间（1895年到1945年）建造的，当时出口的茶叶量巨大。后来，蒋介石下令将其进行全面翻新和扩建。

随着国际市场的波动，茶叶贸易量开始下降。因此，茶厂已经被废弃了很长一段时间，直到2010年春天才开始复苏。这里规划出了一个制茶室、一个餐厅、一个零售商店、一个茶馆和一个多媒体室，它已经转变成了一个结合茶叶种植和观光的茶文化概念性综合体。

历史建筑翻新过程中新旧结构总会有所冲突。设计师要使新旧思维融合在一起，也要面临着一系列的挑战，例如墙壁的树木和藤蔓虽然破坏了屋面的防水材料，但它们营造的荒野感滋养着空间的灵魂，使这个空间充满了生命的气息。

总体规划利用放置了大量茶制品和茶具的茶厂空间。建筑的翻新比较注重功能性，实现了传统与现代的巧妙结合。零售店收集了大量亚洲手工艺人、艺术家的作品和茶叶艺术品，如绘画、植物纤维制品、再生铁制品、爪哇旧家具等，使其成为老茶厂的展览空间。

建筑设计：
自然洋行建筑设计团队
建筑地点：
中国，台湾
建筑面积：
12 000 平方米
完工时间：
2013 年
摄影：
余同轩

如今，古雅的茶杯和茶盘、兰花、古琴以及东方特有的空灵静谧感未必是现代人追求和理解的饮茶氛围。所以，这个老茶厂空间设计了更为现代和健康的饮茶方式，如此仍然可以使人通过一杯清茶沉淀灵魂，获得舒适愉悦之感。

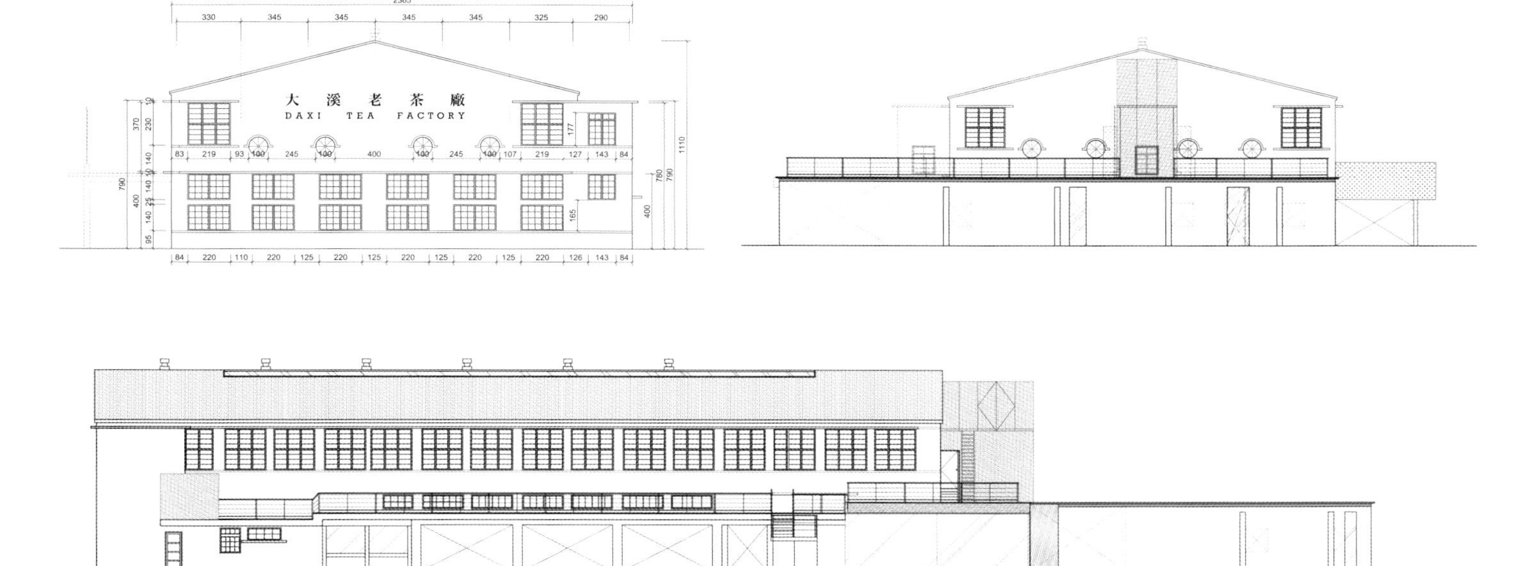

外观立面图

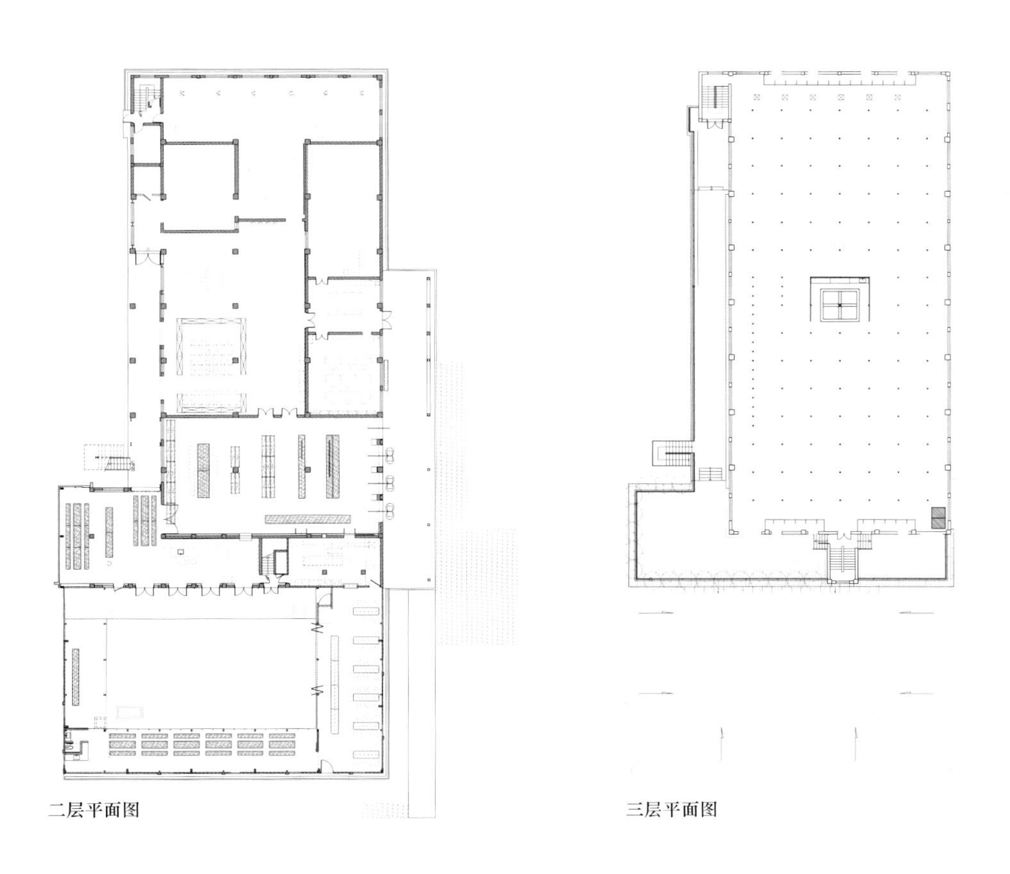

二层平面图

三层平面图

美国岩石溪砖建筑

项目主要通过对这座两层高的建筑的阁楼和地下室进行改造扩建，使房屋的面积增加了一倍。垂直的扩建部分改变了原来的结构，但也保留了旧外墙的历史记忆。一个楼梯使楼层之间连接流畅。新的大型开口部分（玻璃窗）与周围的景观建立了联系。

这是一个 20 世纪 20 年代的砖结构改造再利用项目。老建筑由两层楼组成，还有一个阁楼和一个地下室。这次翻新改善了建筑与周围景观的联系，加固了阁楼和地下室的结构，并使房屋的使用面积增加了一倍，为这个五口之家和工作时的两到三名员工提供了更多的空间。

两个垂直空间的设计是这次改造最特别的地方。第一个空间从上至下连接入口和底层花园，并延伸到新的客厅和南部景观中。第二个垂直空间将入口连接到阁楼。阁楼现在被用作儿童游乐空间。两个垂直空间将卧室、工作和储藏空间完美地连接在一起。

改造后，临街的北立面尽量保留原状，而南立面的设计则相对开放。通过扩大玻璃窗的面积，各房间及其开窗位置之间建立了更精确的对应关系。设计师营造了一个新的空间秩序，使建筑南立面更加轻松、开放，与自然环境也更为融洽。

这种非常简单的策略却对建筑结构产生了最根本的影响。通过扩大南面的玻璃面积，建筑师有效地将砖墙的承重能力按比例分摊到了钢构幕墙之上，为这个新的立面提供了抗压性和横向稳定性。

该项目在空间组织方面采用了经济的方式，利用房屋的现有构成，最大限度地发挥了原有的结构设计和规划布局，而不是拆除或重建这个建筑。

建筑设计：

NADAAA 建筑事务所

建筑地点：

美国，华盛顿市

建筑面积：

947 平方米

完工时间：

2016 年

摄影：

约翰·霍纳

边墙和两个内部南墙是砖结构承重墙，而外部南墙则是钢筋、砖组成的砖混结构。所有框架都是木制的，有的是利用原来的，有的则是新的。

新的机电系统是分置式系统，这样可以根据需要在不同的空间内独立运行。底层地板内的地热系统对室内进行加热，新的隔热窗可以提供坚固的屏障，防止外面的冷空气侵袭，同时也提供了良好的通风功能。

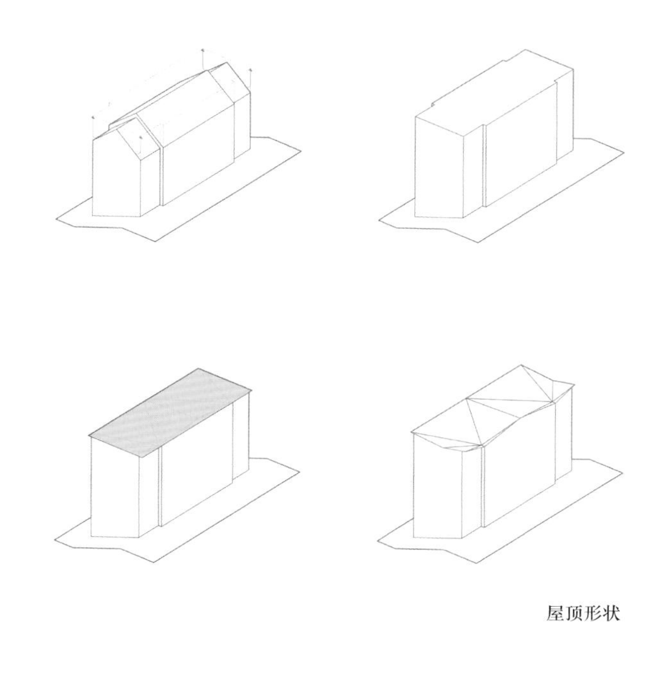

屋顶形状

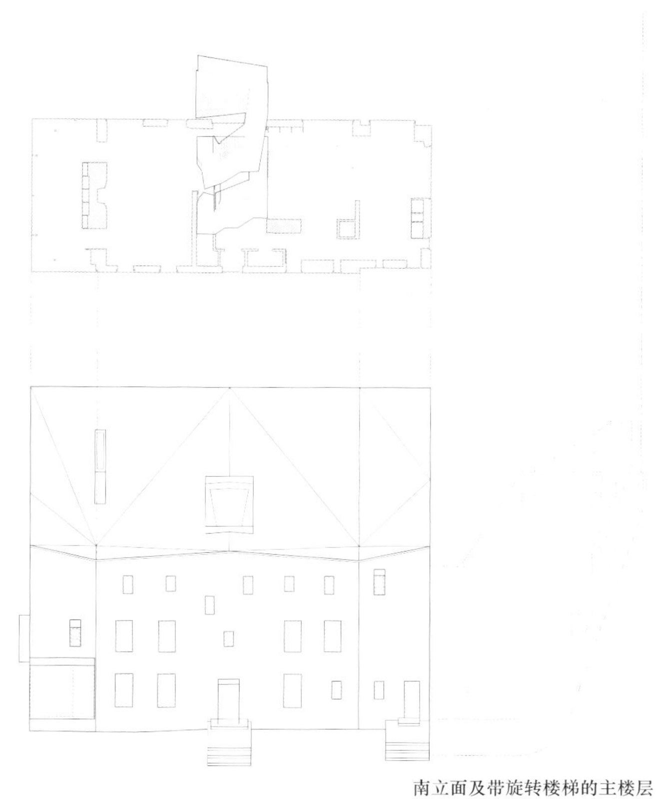

南立面及带旋转楼梯的主楼层

横剖面图（含旋转楼梯）

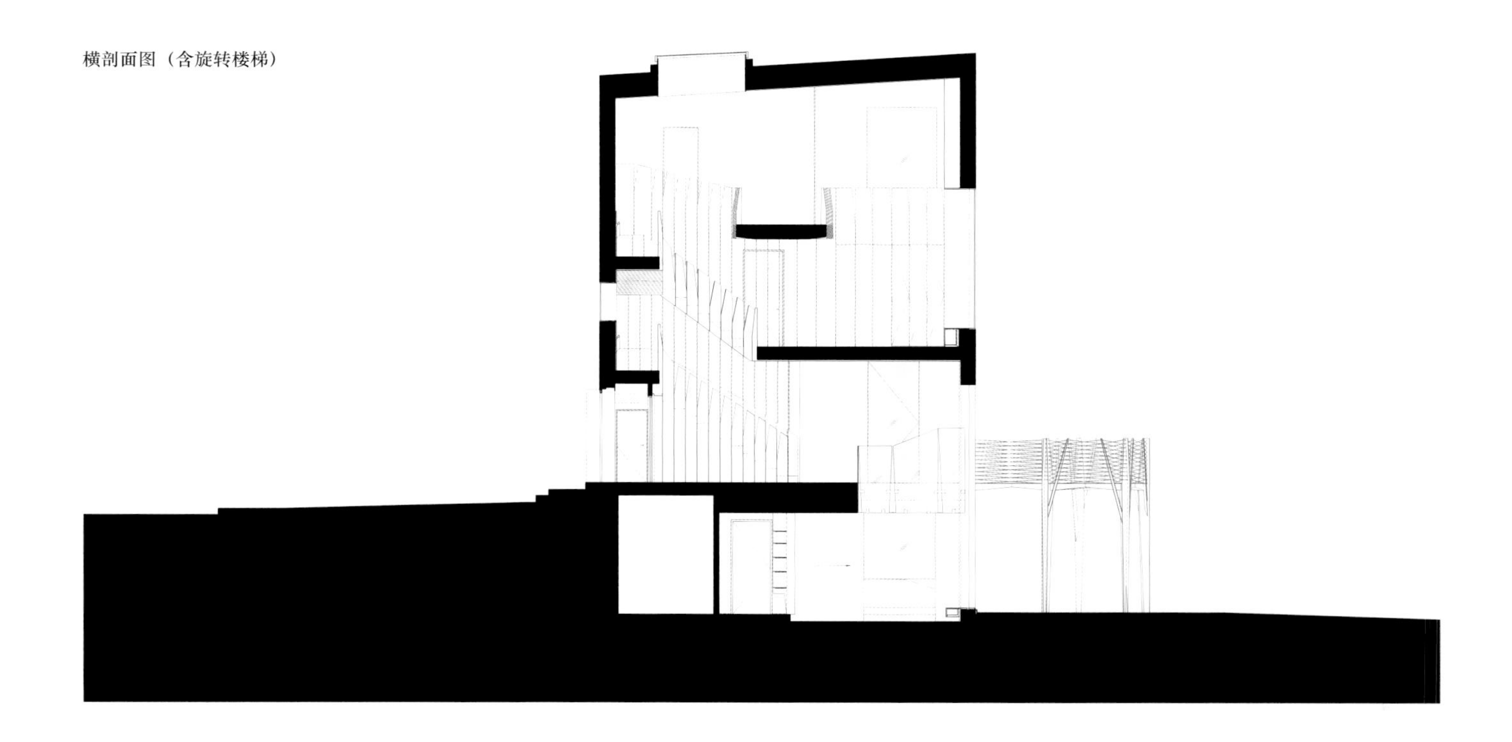

外墙剖面图

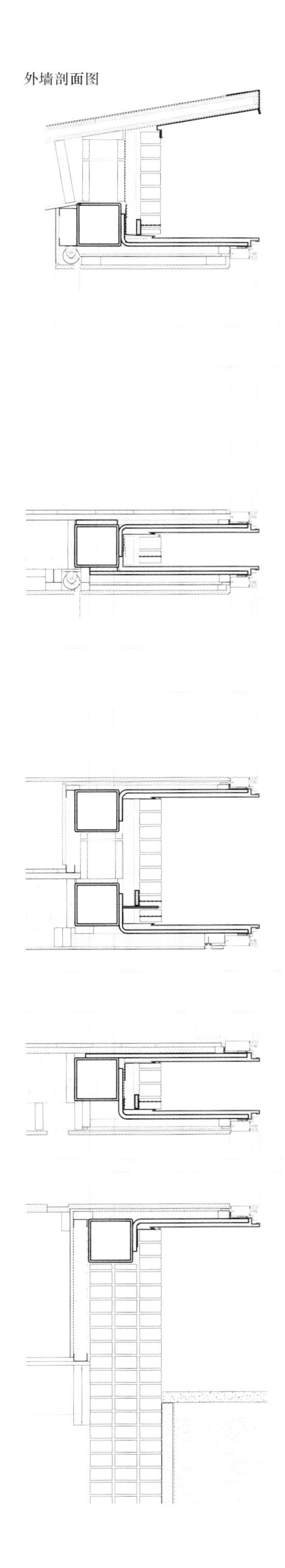

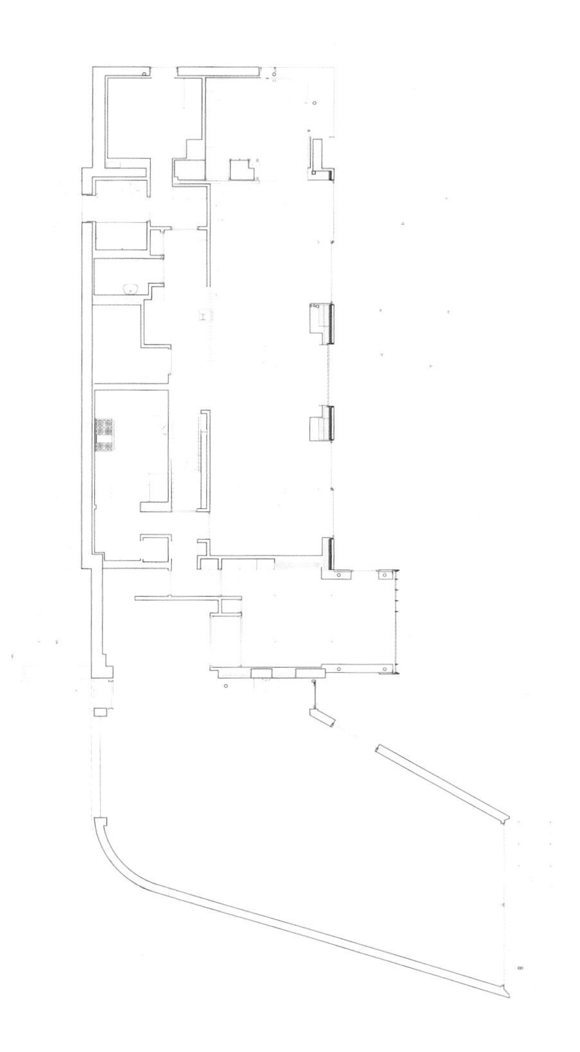

一层平面图

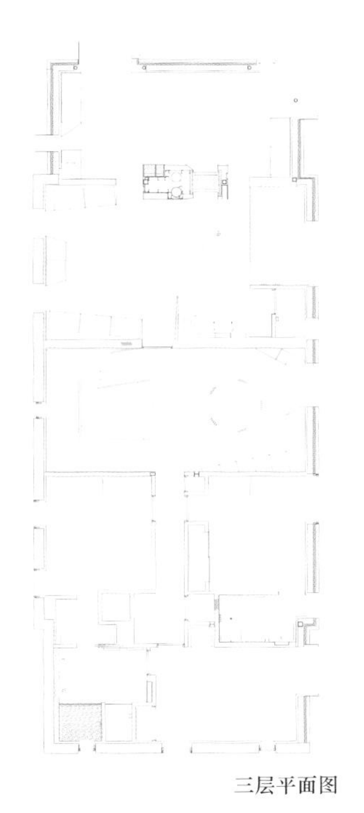

三层平面图

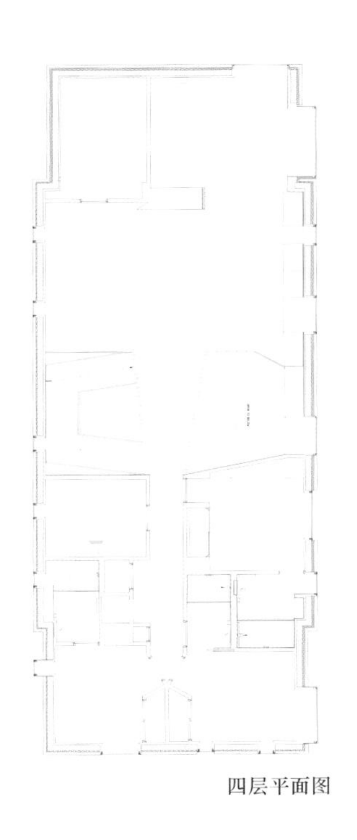

四层平面图

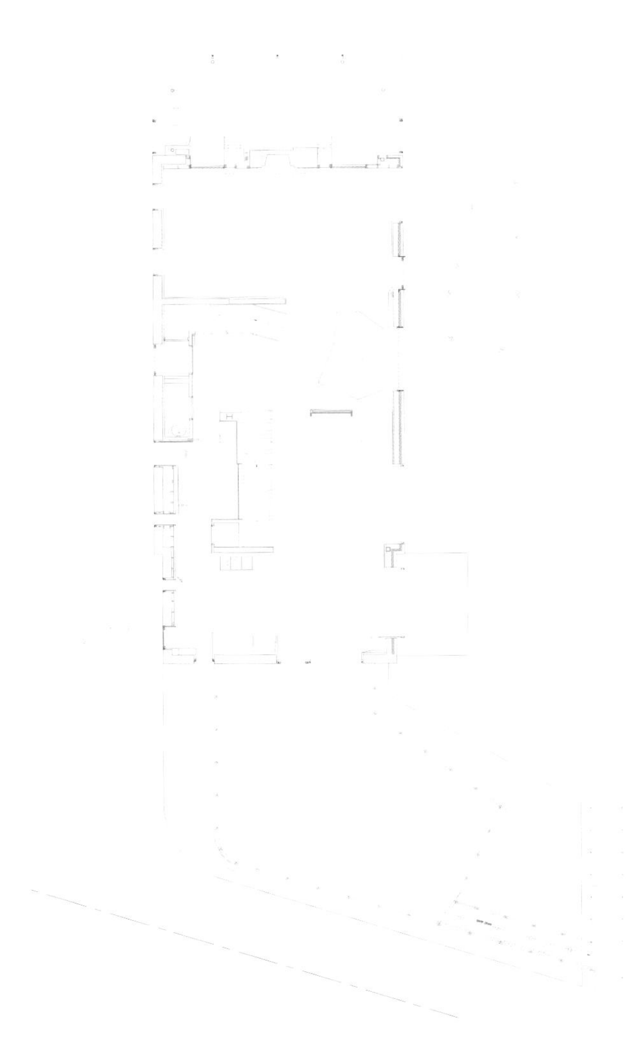

二层平面图

结语

建筑遗产和建筑开发往往被认为是二元性的、互相排斥的。新旧部分之间的这种紧张关系有时会导致一些相对保守的措施，不能充分推动建筑的发展、城市化和密集化，或者也可能导致老建筑被完全否定，为发展让路。本书中不同规模的不同案例研究描述了这种复杂状态中的各种可能性，既能保留过去有价值的一面，也能实现富有想象力的转变。

在本书所选案例中，显而易见的是，老建筑和新结构都受到了重视。旧的部分被重视，是因为它的建筑形式、建筑年龄、美学特征、建造方式，以及对城市环境的贡献。老建筑可能具有很高的经济价值或物化能。一些无形的特质，比如具有社会意义、文化意义，或者由著名建筑师设计的等，也是老建筑遗产价值的所在。一种特定的价值通常会为有想象力的适应性改造或转变提供推动力，而适应性改造又可以确保旧的部分继续留存下去。这种潜在的诠释本身就是新建筑作品的一个重要方面，但新的部分本身也可以因其当代美学和实用性、创新性或其标志性而受到重视。老建筑的现有条件可以成为建筑适应性改造或转变的催化剂，而经过重新构建的建筑也可以成为其周围环境的催化剂。

价值与潜力的判断来自于对老建筑现有情况、经济和社会影响的严密调查。在植入或附加新的部分前，我们必须彻底理解和记录旧的部分，以实现新老结构有意义的对话。在很多案例中，旧的部分在最新的改造之前已经进行了多次调整，有时建筑的所有中间层都得到充分重视，以融入最新的适应性改造之中。但在另一些案例中，中间层则被移除或覆盖，以实现新结构与最初的建筑层的对话。新旧部分之间可以是对话性的，也可以是对抗性的；改造可以是尊重原作的，也可以通过对立来展现差异。无论性质如何，在本书的案例中，旧的部分和新的部分都不会屈从于对方，而过去和现在的并置层次给予了这些项目一个时间深度，所以即便可能，改造也很难是那种全新的新建。

虽然这些策略是对本书案例进行分类的一种方式，但它们也提供了一种理解建筑改造和适应性再利用等各种方法的途径。要知道，这些策略本质上是很少单一运用的，一个项目通常使用了一系列的策略，但新的改造通常都有一个主要的驱动因素。明确这个主要的设计驱动因素可以让人们更加专注于新的改造，这样就可以更清晰地解读那些经过改造或适应性再利用的老建筑。

本书的案例列举了老建筑所能提供的各种改造机会：一方面，建筑师有责任将老建筑作为历史遗迹来保护，无论其价值是在于建筑本身还是在于其社会、文化意义；另一方面，建筑师也有义务承认已建成的建筑的物化能，限制或减少碳排放。老建筑的改造会为建筑师提供一个十分令人兴奋的机会，用想象力将新的东西叠加到旧建筑之中。

老建筑的改造十分具有挑战性，通常比设计一座全新的建筑更为困难。建筑师必须发动丰富的想象力，在另一位建筑师作品的基础上进行设计，使老建筑与新建筑产生交流——新旧之间的对话。

verzot,
op
borstel,
kokend
water
en
sodapot
BERKEL

INDEX

索引

Heatherwick 建筑事务所 P136

www.heatherwick.com
communications@heatherwick.com

KAAN 建筑事务所 P186

www.kaanarchitecten.com
press@mintlist.info

Klaarchitectuur 建筑事务所 P48

www.klaarchitectuur.be
info@klaarchitectuur.be

L3P 建筑事务所 P228

www.l3p.ch
info@l3p.ch

Martínez Lapeña – Torres 建筑事务所 P58

www.jamlet.net
jamlet@coac.net

Mei 建筑事务所 P98

www.mei-arch.eu
PR@mei-arch.eu

NADAAA 建筑事务所 P272

www.nadaaa.com
NADA@NADAAA.COM

Piuarch 建筑事务所 P180

www.piuarch.it
STUDIO@PIUARCH.IT

PAVE 建筑事务所 P250

www.pavearkkitehdit.fi
office@pavearkkitehdit.fi

PRESEN 建筑事务所 P68

www.presentarchitecture.com
info@presentarchitecture.com

建筑营 P196

www.archstudio.cn
archstudio@126.com

Tiago do Vale 建筑事务所 P90

www.tiagodovale.com
info@tiagodovale.com

Váncza Muvek 建筑事务所 P82

www.vanczamuvek.hu
vm@vanczamuvek.hu

Wingårdh 建筑事务所 P166

www.wingardhs.se
wingardh@wingardhs.se

扎哈建筑事务所 P206

www.zaha-hadid.com
mail@zaha-hadid.com

图书在版编目（CIP）数据

老建筑改造与更新 /（南非）迈克尔·洛,（南非）斯黛拉·帕帕尼古劳编；姜楠译 .—桂林：广西师范大学出版社，2019.3
ISBN 978-7-5598-1621-4

Ⅰ．①老… Ⅱ．①迈… ②斯… ③姜… Ⅲ．①建筑物－改造 Ⅳ．① TU746.3

中国版本图书馆 CIP 数据核字（2019）第 032177 号

出 品 人：刘广汉
责任编辑：肖 莉
助理编辑：冯晓旭
封面设计：六 元
版式设计：马韵蕾

广西师范大学出版社出版发行
（广西桂林市五里店路 9 号 邮政编码：541004
网址：http://www.bbtpress.com）
出版人：张艺兵
全国新华书店经销
销售热线：021-65200318 021-31260822-898
恒美印务（广州）有限公司印刷
（广州市南沙区环市大道南路 334 号 邮政编码：511458）
开本：889mm × 1194mm 1/16
印张：18 字数：288 千字
2019 年 3 月第 1 版 2019 年 3 月第 1 次印刷
定价：268.00 元